アルゴリズム・サイエンス シリーズ

杉原厚吉・室田一雄・山下雅史・渡辺 治 編

**数理技法編**

# 簡潔データ構造

定兼邦彦 著

共立出版

【編集委員】

杉原厚吉（すぎはら・こうきち）
　　明治大学研究・知財戦略機構先端数理科学インスティテュート

室田一雄（むろた・かずお）
　　首都大学東京経済経営学部

山下雅史（やました・まさふみ）
　　九州大学名誉教授

渡辺　治（わたなべ・おさむ）
　　東京工業大学

# シリーズの序

　インターネットやバイオインフォマティクスなど，情報科学は社会への影響力を急速に増大・拡大している．情報科学の基礎を支えるアルゴリズム・サイエンス分野も例外ではない．この四半世紀の進歩はまさに驚異的であったが，現在もその速度は増すばかりのように見える．

　このような情勢の下に，アルゴリズム・サイエンスに対する時代の要請は以下の4点にまとめられる：
　まず，並列計算機や分散計算環境が容易に手に入る時代となり，このような新しい計算環境のもとで上手に問題を解決するための新しい解法の開発が必要とされていることである．
　次に，バイオインフォマティクスやナノ技術など多くの応用分野が巨大な問題を上手に扱うための新しい計算パラダイムを必要としていることである．
　第3に，情報セキュリティという重要な応用分野の出現が，従来は応用に乏しい理論研究と考えられてきた整数論や計算困難性理論の実学としての再構築を迫っていることである．
　そして最後に，これらの要請に応える健全なアルゴリズム・サイエンスの発展を担う人材の教育・養成である．

　以上の状況を踏まえ，われわれは以下の2つの主目的を掲げて，アルゴリズム・サイエンス シリーズを発刊することにした．
　第1に，アルゴリズム・サイエンスを高校生あるいは大学初年度生に紹介し，若年層のこの分野に対する興味を喚起することである．
　第2に，アルゴリズム・サイエンスのこの四半世紀の進歩を学問体系として整理し，この分野を志す学習者および研究者のための適切な学習指針を整備することである．

これら2つの目的を達成するために，本シリーズは通常のシリーズとは異なる構成をとることにした．まず，2つの「超入門編」として，『入口からの超入門』と『出口からの超入門』を置いた．これらにより，理論的な展開に興味をもつ学生も，アルゴリズムの応用に興味をもつ学生も，ともに高校生程度の基礎学力で十分にアルゴリズム・サイエンスの面白さを満喫していただけることを期待している．

　次に，確率アルゴリズムや近似アルゴリズムなどを含む，新たに建設された興味深いアルゴリズム分野を紹介し詳述するために，「数理技法編」として諸巻を設けることにした．『入口からの超入門』がこれらの巻に対する適切な入門書となるように企画されている．

　さらに，バイオインフォマティクスや情報セキュリティに代表されるような，重要な応用分野における各種アルゴリズムの発展という視点からいくつかのテーマを厳選し，「適用事例編」として本シリーズに加えることにした．これらの巻に対する入門書が『出口からの超入門』である．

　なお，各巻は大学や大学院の教科書として利用できるよう内容を工夫し，必要な初歩的知識についてもできるかぎり詳述するなど，各著者に自己完結的に構成していただいている．

　最後になったが，本シリーズは特定領域研究「新世代の計算限界——その解明と打破」（領域代表 岩間一雄（京都大学））の活動の一環として企画された．

　　　　　　編集委員　　杉原厚吉・室田一雄・山下雅史・渡辺　治

# まえがき

　本書は，比較的新しい分野である「簡潔データ構造」を解説している．簡潔データ構造は，データやそれに追加するデータ構造を圧縮して格納するための手法で，大規模データに対する処理を高速化することができる．新しい分野であるため，簡潔データ構造に関する文献は論文がほとんどであり，本になっているのは岡野原氏の教科書 [108] と Navarro 氏の教科書 [83] 程度である．一方，簡潔データ構造に関する日本語による情報は Web 上のブログや SlideShare にそれなりに存在する．本書がこれらの文献と異なる点は，各データ構造の性能（サイズと処理時間）についての厳密な証明を与えている点である．つまり，本書は簡潔データ構造を単に使うだけではなく，中身を理解し，新しい簡潔データ構造を開発する際に役立つと思う．なお，説明している各簡潔データ構造は，最初に提案されたものではなく，後に提案されたものが多い．これは，後に提案されたものの方がデータ構造が洗練されており，説明も分かりやすくなり実装も簡単なものが多いからである．

　本書の刊行にあたり，シリーズ編集委員の杉原厚吉先生と室田一雄先生からは詳細なコメントをいただいた．また，東京大学大学院情報理工学系研究科学生の石山一樹さん，大島宏希さん，中村健吾さん，杉森健さん，澄川憲太郎さん，松田康太郎さんからも多くの間違いを指摘していただいた．元共立出版の小山透氏，共立出版の信沢孝一氏，日比野元氏，三浦拓馬氏にも大変お世話になりました．この場をお借りしてお礼を申し上げます．最後に，執筆活動を支えてくれた妻と娘にも感謝したい．

2017 年冬<br>
定兼 邦彦

# 目　　次

- 第 1 章　はじめに　　1
  - 1.1　背景　　1
  - 1.2　簡潔データ構造の歴史　　2
  - 1.3　本書の構成　　2
- 第 2 章　基本事項　　5
  - 2.1　計算モデル　　5
  - 2.2　標準的な記号と関数　　7
    - 2.2.1　オーダ表記　　7
    - 2.2.2　イェンセンの不等式　　8
    - 2.2.3　スターリングの公式　　9
    - 2.2.4　文字列と集合　　10
    - 2.2.5　順序木と探索順　　10
  - 2.3　情報理論的下限　　12
  - 2.4　簡潔データ構造　　13
  - 2.5　エントロピー　　14
  - 2.6　整数の符号化　　16
    - 2.6.1　1 進数符号　　17
    - 2.6.2　ゴロム符号　　17
    - 2.6.3　ガンマ符号　　17
    - 2.6.4　デルタ符号　　18
  - 2.7　整数列の符号化　　18
    - 2.7.1　ハフマン符号　　18

|  |  |  |
|---|---|---|
| | 2.7.2 インターバル符号 ................... | 18 |
| | 2.7.3 MTF 符号 ..................... | 19 |
| | 2.7.4 Elias-Fano 符号 .................. | 20 |

## 第3章 基本的な簡潔データ構造　23

- 3.1 ビットベクトルの簡潔データ構造 ................. 23
  - 3.1.1 *rank* の計算 ..................... 24
  - 3.1.2 *select* の計算 .................... 26
- 3.2 パタンに対する *rank/select* ................... 28
- 3.3 疎なベクトルの簡潔データ構造 .................. 30
- 3.4 非常に疎なベクトルの簡潔データ構造 ............... 33
  - 3.4.1 ランダムアクセス可能な Elias-Fano 符号 ........ 34
  - 3.4.2 ランダムアクセス可能なガンマ符号 ........... 36
  - 3.4.3 ランダムアクセス可能なデルタ符号 ........... 36
  - 3.4.4 疎なベクトルでの定数時間 *rank* 索引 .......... 37
  - 3.4.5 非常に疎なベクトルでの *rank* 索引 ........... 42
- 3.5 下限 ............................... 42
- 3.6 実装上の工夫 .......................... 43
  - 3.6.1 *rank* の高速化 .................... 44
  - 3.6.2 *select* の高速化 ................... 45
- 3.7 文献ノート ........................... 45

## 第4章 ウェーブレット木　49

- 4.1 文字列での *rank/select* ..................... 49
- 4.2 アルファベットサイズが大きいとき ................ 54
- 4.3 その他の演算 .......................... 57
  - 4.3.1 区間内の異なる文字の列挙 ............... 57
  - 4.3.2 ある文字より小さい文字の数 .............. 59
- 4.4 ハフマン型ウェーブレット木 ................... 59
- 4.5 多分岐ウェーブレット木 ..................... 61

- 4.6 直接アドレス可能符号 . . . . . . . . . . . . . . . . . . . . 61
- 4.7 直交領域探索 . . . . . . . . . . . . . . . . . . . . . . . . . 63
- 4.8 文献ノート . . . . . . . . . . . . . . . . . . . . . . . . . . 68

## 第5章 区間最小値問い合わせ    69
- 5.1 問題の定義 . . . . . . . . . . . . . . . . . . . . . . . . . . 69
- 5.2 RMQ を LCA に帰着 . . . . . . . . . . . . . . . . . . . . 70
- 5.3 LCA を RMQ に帰着 . . . . . . . . . . . . . . . . . . . . 72
- 5.4 ±1 RMQ 問題 . . . . . . . . . . . . . . . . . . . . . . . . 74
- 5.5 RMQ 問題の定数時間アルゴリズム . . . . . . . . . . . . . 76
- 5.6 RMQ 問題の $4n$ ビットデータ構造 . . . . . . . . . . . . . 77
- 5.7 RMQ 問題の $2n$ ビットデータ構造 . . . . . . . . . . . . . 79
- 5.8 サイズの下限 . . . . . . . . . . . . . . . . . . . . . . . . . 81
- 5.9 文献ノート . . . . . . . . . . . . . . . . . . . . . . . . . . 82

## 第6章 順序木    85
- 6.1 順序木の基本操作 . . . . . . . . . . . . . . . . . . . . . . 85
- 6.2 LOUDS 表現 . . . . . . . . . . . . . . . . . . . . . . . . . 87
  - 6.2.1 LOUDS 表現の定義 . . . . . . . . . . . . . . . . . 87
  - 6.2.2 LOUDS を用いた木の演算 . . . . . . . . . . . . . 89
  - 6.2.3 LOUDS を用いたラベル付き木 . . . . . . . . . . . 91
- 6.3 括弧列 (BP) 表現 . . . . . . . . . . . . . . . . . . . . . . . 92
  - 6.3.1 BP 表現の定義 . . . . . . . . . . . . . . . . . . . . 92
  - 6.3.2 *findclose* のデータ構造 . . . . . . . . . . . . . . . 96
  - 6.3.3 *enclose* の計算 . . . . . . . . . . . . . . . . . . . . 100
  - 6.3.4 最近共通祖先の計算 . . . . . . . . . . . . . . . . . 102
- 6.4 DFUDS 表現 . . . . . . . . . . . . . . . . . . . . . . . . . 103
  - 6.4.1 DFUDS 表現の定義 . . . . . . . . . . . . . . . . . 103
  - 6.4.2 DFUDS での基本操作 . . . . . . . . . . . . . . . . 105
  - 6.4.3 最近共通祖先の計算 . . . . . . . . . . . . . . . . . 106

## 目次

- 6.4.4 DFUDS 表現の圧縮法 .................... 108
- 6.4.5 全2分木の効率的な表現 .................... 109
- 6.5 BP 表現のより簡単なデータ構造 .................... 111
  - 6.5.1 超過配列 .................... 111
  - 6.5.2 $O(\lg n)$ 時間データ構造 .................... 113
  - 6.5.3 区間最大最小木 .................... 118
  - 6.5.4 大きな木に対するデータ構造 .................... 119
- 6.6 動的な簡潔順序木 .................... 127
- 6.7 文献ノート .................... 130

## 第7章 文字列検索のデータ構造　133

- 7.1 文字列検索の基本問題 .................... 133
- 7.2 接尾辞配列 .................... 136
- 7.3 接尾辞木 .................... 137
- 7.4 圧縮接尾辞配列 .................... 142
  - 7.4.1 接尾辞配列の圧縮 .................... 142
  - 7.4.2 自己索引化 .................... 145
  - 7.4.3 後方探索 .................... 146
  - 7.4.4 $\Psi$ の圧縮 .................... 149
- 7.5 圧縮接尾辞木 .................... 151
  - 7.5.1 木構造 .................... 151
  - 7.5.2 ノードの文字列深さの表現 .................... 152
  - 7.5.3 枝ラベルの表現 .................... 155
  - 7.5.4 木の巡回操作 .................... 155
  - 7.5.5 圧縮接尾辞木の計算量 .................... 158
- 7.6 文書集合に対するデータ構造 .................... 158
  - 7.6.1 文書列挙問題のための索引 .................... 159
  - 7.6.2 単語頻度の計算法 .................... 161
  - 7.6.3 文書頻度の計算法 .................... 162
- 7.7 文献ノート .................... 164

## 第8章　BW 変換　　　　　　　　　　　　　　　　　　　　　　　167

- 8.1　ブロックソート圧縮法 ..................... 167
- 8.2　逆 BW 変換と $LF$ 関数 .................... 170
- 8.3　FM-index ............................ 173
- 8.4　圧縮接尾辞配列と FM-index の関係 ............ 175
  - 8.4.1　$\Psi$ から $BW$ を計算 ................. 176
  - 8.4.2　$BW$ から $\Psi$ を計算 ................. 176
  - 8.4.3　$BW$ と $\Psi$ の相互変換 ............... 177
- 8.5　双方向 BW 変換 ........................ 177
- 8.6　ラベル付き木の圧縮 ..................... 179
  - 8.6.1　XBW 変換 ....................... 179
  - 8.6.2　XBW を用いた木の巡回操作 ........... 182
  - 8.6.3　部分パス問い合わせ ................ 184
- 8.7　de Bruijn グラフの圧縮 ................... 185
  - 8.7.1　グラフの定義 ..................... 186
  - 8.7.2　簡潔 de Bruijn グラフ ................ 188
  - 8.7.3　簡潔 de Bruijn グラフのデータ構造 ...... 190
  - 8.7.4　グラフ上の操作の実現 ............... 194
- 8.8　文献ノート ........................... 197

**参考文献　　　　　　　　　　　　　　　　　　　　　　　　199**

**索　引　　　　　　　　　　　　　　　　　　　　　　　　　211**

# 第1章

# はじめに

## 1.1 背景

簡潔データ構造とは,データを圧縮しつつ,検索などの処理を高速に実行できるデータ構造である.データ圧縮は古くから用いられているが,目的は通信や格納のコストの削減であった.これはデータの復元には時間がかかるため,頻繁に使われるデータを圧縮しておくのは処理速度の点で効率が悪いからである.よって,計算機のメモリに収まらない大規模データを扱う際にはハードディスクなどの大規模ストレージに圧縮なしで格納することになるが,ハードディスクは計算機のメモリと比べるとアクセス速度が何桁も遅いため,やはり処理速度は落ちてしまう.また,ハードディスク上のデータを処理するアルゴリズムは外部記憶アルゴリズム (external memory algorithm) と呼ばれ,ランダムアクセスが遅いことを考慮して設計する必要があり,難しい.

データ数 $n$ が小さいときには必要なメモリ量が $n^2$ や $n^3$ に比例したとしても問題は無いが,ビッグデータ時代においては $n$ は非常に大きく (10億以上),そのようなデータの格納法は使い物にならない.例えば,DNA データは A, C, G, T の文字列として表せるということはよく知られているが,ヒトの DNA 配列(文字列)は約 30 億文字ある.これを格納するのに必要なメモリは 750 MB である.つまり CD-ROM 1 枚分である.この程度の量であれば計算機のメモリ上に格納することはできるが,データを高速に処理するにはまだ問題がある.例えば文字列の検索をする場合に,データ全体を順番に見ていくア

ルゴリズムでは遅いため，何らかのデータ構造を追加する必要があるが，DNA 配列の検索でよく用いられる接尾辞配列のサイズは，ヒトの DNA 配列の場合には 12 GB になってしまう．また，文字列に対する複雑な処理を行うためのデータ構造として接尾辞木があるが，そのサイズはさらに大きく，40 GB にもなる．これらのデータ構造のサイズは $n \log n$ に比例して増えていく．つまり，データ量の増加の割合よりも大きな割合で，計算機の必要メモリが増えていく．これはビッグデータ処理には適さない．

以上を踏まえると，ビッグデータ処理を効率的に行うには，次のようなデータの格納法が望ましい．

- データはなるべく圧縮して保存し，かつ使用する際は高速に復元できる．
- 追加するデータ構造は小さく，必要なメモリ量が入力サイズに比例する．

そのようなデータ構造が簡潔データ構造である．

## 1.2 簡潔データ構造の歴史

簡潔データ構造の概念は 1989 年の Jacobson の論文 [64] で提案された．その後，ビットベクトルに対する簡潔データ構造としては 1994 年の Brodnik, Munro [19] [*1]や 1996 年の Munro [76]，順序木に対する簡潔データ構造としては 1997 年の Munro, Raman [77] が発表された．2000 年に Grossi, Vitter [54] により圧縮接尾辞配列，Ferragina, Manzini [38] により FM-index が提案されてからは，非常に多くの研究が行われ，文字列，木構造，順列，関数，グラフなど，様々なデータに対する簡潔データ構造が提案されている．また，それらの効率的な実装についても多くの研究がある．

## 1.3 本書の構成

本書の構成は以下の通りである．まず，第 2 章では，簡潔データ構造を説明

---

[*1] 会議で発表された年を書いているが，文献はジャーナル版を引用している．

するために必要な事項を説明する．第 3 章では，最も基本的な簡潔データ構造である，ビットベクトルを説明する．これはほぼ全ての簡潔データ構造で用いられる重要なデータ構造である．簡潔データ構造特有の，数の符号化やビット演算に慣れていないと分かりにくいかもしれないが，本書で説明するその他の簡潔データ構造では，そのような分かりにくい点は全て第 3 章のデータ構造に押し込んであるため，以降の章は普通のデータ構造同様に読めるはずである．

第 4 章ではウェーブレット木を説明する．ウェーブレット木は，ビットベクトルに対する簡潔データ構造を文字列に拡張したものであるが，様々な応用のあるデータ構造である．第 5 章では区間最小値問い合わせと，木の最近共通祖先に対する簡潔データ構造を説明する．これらは古くから知られた問題であり，多くの問題の部分問題として現れる重要な問題であるが，データ構造のサイズと実装の簡単さの点で実用的なデータ構造が存在しなかった．しかし，近年になって非常にシンプルな簡潔データ構造が提案され，実用になっている．

第 6 章では順序木の簡潔データ構造を説明する．木構造はデータ検索の高速化のための重要な構造であるが，従来手法で様々な演算を実現しようと思うとデータ構造のサイズが非常に大きくなってしまう．簡潔木のデータ構造は数多く提案されているが，初期に提案されたものは非常に分かりにくく，実装しても性能は良くないことが想像できる．本書では後に提案された実装しやすいデータ構造を説明する．

第 7 章では文字列検索のためのデータ構造を説明する．DNA 配列の解析では接尾辞配列，接尾辞木が用いられていたが，これらはデータ構造のサイズが DNA 配列と比較して非常に大きいため，大規模データを扱うことができなかった．接尾辞配列を圧縮することは難しいと言われていたが，圧縮接尾辞配列によりそれが可能になり，さらに順序木と組み合わせることで接尾辞木の圧縮も可能になった．また，文書集合に対する検索のためのデータ構造も，区間最小値問い合わせのデータ構造と組み合わせることで，コンパクトなデータ構造が開発されている．

最後に，第 8 章では BW 変換とその拡張を説明する．BW 変換は元々は文字列圧縮のために提案されたものだが，後に文字列を圧縮したままパタン検索が行えることが示された．この手法は現在では DNA 配列の検索アルゴリズム

4 —— 第 1 章 はじめに

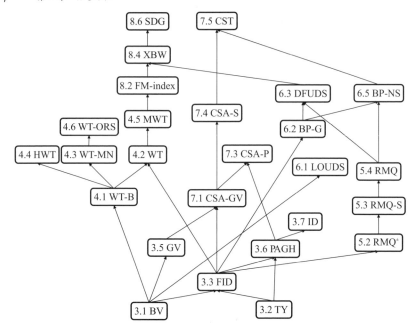

**図 1.1** 本書で説明するデータ構造間の関係．データ構造名の前の数字は定理の番号を表す．

として広く使われている．BW 変換を拡張し，木構造やグラフ構造を圧縮することもできる．これらは XML 文書の圧縮と検索，DNA 配列のアセンブリ処理に使われている．

　図 1.1 に本書で説明するデータ構造間の関係を示す．矢印の先にあるデータ構造は，矢印の根のデータ構造を部分構造として使用している．この図から分かるように，本書は先頭から順番に読めば理解できるようになっているが，各データ構造はブラックボックスとして用いることができるので，部分的に読んでも理解できるはずである．

# 第2章

# 基本事項

本章では，簡潔データ構造の定義を与える．また，そのために必要な計算モデルや，情報理論の基本的な事項について説明する．さらに，簡潔データ構造でよく用いられる各種符号と，計算量の解析のために必要な数学的事項について説明する．

## 2.1 計算モデル

本書では，計算モデルとして **word-RAM** を用いる．このモデルは，RAM (random access machine) モデル [24] をより現実的にしたものである．RAM モデルでの計算機は以下のような性質を持つ．

- 各単純演算 $(+, *, -, =, \text{if, call})$ は1単位時間で実行できる．
- 各メモリアクセスは1単位時間で実行できる．
- メモリの1つのセルには任意の桁の数を格納できる．

RAM モデルは単純であるため，アルゴリズムの解析のために広く用いられている．しかし，単位時間で行える演算やメモリアクセスのビット数に制限がないため，実際の計算機とはかけ離れている．そこで提案されたのが word-RAM モデルである [41]．このモデルでの計算機は以下の性質を持つ．

- 計算機は $U$ ビットのメモリを持つ．メモリのアドレスは $[0, U-1]$ の整数で指定する．

- 計算機の語長は $\lg U$ ビットである[*1]．つまり，$\lg U$ ビットの数の算術・論理演算，および連続する $\lg U$ ビットのメモリアクセスが 1 単位時間で行える．
- メモリから読み込んだ値は $[0, U-1]$ の整数とみなす．

word-RAM モデルで計算機の語長が $\lg U$ ビットである理由は，ポインタの操作を 1 単位時間で行うためである．

このモデルでのメモリは実際の計算機とは異なると思うかもしれない．実際の計算機ではメモリのアドレスはバイト (8 ビット) 単位になっているが，word-RAM モデルでは 1 ビットごとに分かれていると定義している．これは本質的な違いではない．なぜならば word-RAM モデルでは連続する $\lg U$ ビットのメモリアクセスが定数時間で行え，かつ読み込んだ値から 1 バイトの値を作成することも定数時間で行えるからである．

word-RAM モデルでは，領域計算量はビットで測る．例えば，サイズ $\sigma$ のアルファベット上の長さ $n$ の文字列は $n \lg \sigma$ ビットの領域を占める ($\sigma$ は 2 のべき乗とする)．DNA 配列のようにアルファベットが $\{A, C, G, T\}$ の場合は $2n$ ビットとなり，英文の文字列ではアルファベットサイズは 256 とするため，$8n$ ビットとなる．また，節点数 $n$ の 2 分木は，$\Theta(n \lg n)$ ビット[*2]の領域を占める．これは木はポインタで表現され，1 つのポインタは $\Theta(\lg n)$ ビットだからである．一般にアルファベットサイズよりも $n$ の方が大きいため，2 分木の領域は文字列の領域よりも大きくなる．一方，RAM モデルでは文字列も 2 分木もどちらも $\Theta(n)$ 領域となり，違いを表現できない．このように，word-RAM モデルを用いると領域計算量をより厳密に解析できる．

なお，word-RAM モデルでは $\lg U$ ビットの算術・論理演算を定数時間で行えるとしているが，具体的には + (加算)，− (減算)，* (乗算)，/ (整数の除算)，mod (除算の余り)，AND (ビットごとの論理積)，OR (ビットごとの論理和)，XOR (ビットごとの排他的論理和)，NOT (ビットごとの反転) である．

この他に必要な演算として，$\lg U$ ビットの整数 $x$ を 2 進表記したときの最

---

[*1] $\lg x$ は $\log_2 x$ を表す．
[*2] $\Theta$ の定義は第 2.2 節参照．

上位の 1 のビット (most signifiant bit) の位置 $MSB(x)$ を求める演算がある．これは $\lfloor \lg x \rfloor$ の計算に対応する．この演算は，$O(U^\varepsilon)$ ビットの表を使うことで定数時間 $(O(1/\varepsilon))$ で求めることができる（$\varepsilon$ は任意の正定数）．具体的には，$\lg U$ ビットの値を $\varepsilon \lg U$ ビットずつに分け，上の桁に対応する部分から値が 0 かどうかを調べ，0 でなければその中の最上位の 1 のビットの位置を表を使って求める．この表は，$\varepsilon \lg U$ ビットの全ての 0,1 パタンに対し，答えを格納するものである．表を用いて答えを求める手法（表引き）は簡潔データ構造では常套手段である．詳細は第 3.1 節で説明する．

## 2.2 標準的な記号と関数

アルゴリズムの解析で用いる記号や関数を説明する．

### 2.2.1 オーダ表記

オーダ表記 (order notation) とは，アルゴリズムの計算時間とデータ構造のサイズを概算するときに用いられる．まず定義を与える．

**定義 2.1** ある関数 $g(n)$ に対し，$O(g(n))$ を次のような関数の集合と定義する．
$$O(g(n)) = \{f(n) \mid \exists c, n_0, \forall n \geq n_0, \, cg(n) \geq f(n) \geq 0\}$$

$f(n) \in O(g(n))$ とは，$n$ がある程度大きいときには $f(n)$ は $g(n)$ の定数倍以下であることを意味する．つまり関数の上界を表す．なお，これを $f(n) = O(g(n))$ と書くことが多い．また，$O(1)$ はある正定数を表す．

逆に，関数の下界を表す表現もある．

**定義 2.2** ある関数 $g(n)$ に対し，$\Omega(g(n))$ を次のような関数の集合と定義する．
$$\Omega(g(n)) = \{f(n) \mid \exists c, n_0, \forall n \geq n_0, \, f(n) \geq cg(n) \geq 0\}$$

関数を上下から抑える表現もある．

**定義 2.3** ある関数 $g(n)$ に対し，$\Theta(g(n))$ を次のような関数の集合と定義する．

$$\Theta(g(n)) = \{f(n) \mid \exists c_1, c_2, n_0,\ \forall n \geq n_0,\ c_2 g(n) \geq f(n) \geq c_1 g(n) \geq 0\}$$

簡潔データ構造のサイズを表す際によく用いられる表現として，$\mathrm{o}(\cdot)$ がある．

**定義 2.4** ある関数 $g(n)$ に対し，$\mathrm{o}(g(n))$ を次のような関数の集合と定義する．

$$\mathrm{o}(g(n)) = \{f(n) \mid \forall c,\ \exists n_0,\ \forall n \geq n_0,\ cg(n) \geq f(n) \geq 0\}$$

$f(n) \in \mathrm{o}(g(n))$ のとき，$\lim_{n \to \infty} \frac{f(n)}{g(n)} = 0$ が成り立つ．つまり，$n$ が大きいときには $f(n)$ は $g(n)$ に対して十分小さいことを表す．また，$s = n + \mathrm{o}(f(n))$ という式は，$s - n \in \mathrm{o}(f(n))$ であることを意味する．

**対数多項式関数** (polylogarithmic function) とは，ある変数 $x$ の対数 $\lg x$ を変数と思ったときの多項式関数である．本書では次のように定義する．

**定義 2.5** ある変数 $x$ に対し，$\mathrm{polylog}(x)$ を次のような関数の集合と定義する．

$$\mathrm{polylog}(x) = \{f(x) \mid \exists c \geq 0,\ f(x) \in \mathrm{O}(\lg^c x)\}$$

## 2.2.2 イェンセンの不等式

簡潔データ構造のサイズの上界を求める際に用いられる不等式として，**イェンセンの不等式** (Jensen's inequality) がある．

**補題 2.1 (イェンセンの不等式)** $f(x)$ を実数上の凹（上に凸な）関数，$p_1, p_2, \ldots, p_n$ を，$p_1 + p_2 + \cdots + p_n = 1$ である非負の実数，$x_1, x_2, \ldots, x_n$ を実数とすると，

$$\sum_{i=1}^{n} p_i f(x_i) \leq f\left(\sum_{i=1}^{n} p_i x_i\right)$$

符号長を表す式は $\lg x$ などの上に凸（凹，concave）な式の場合が多く，イェンセンの不等式を使うことで上界を求められる．

### 2.2.3 スターリングの公式

組合せの数を評価する際によく用いられる式は**スターリングの公式** (Stirling's formula) である.

**補題 2.2 (スターリングの公式)** 任意の自然数 $n$ に対し, 次の不等式が成り立つ.
$$\sqrt{2\pi n}\left(\frac{n}{e}\right)^n \le n! \le e\sqrt{n}\left(\frac{n}{e}\right)^n$$

なお, $e = 2.71828\cdots$ は自然対数の底である. この公式を用いると, 簡潔データ構造のサイズを評価する際によく用いられる式が得られる.

**補題 2.3** 任意の自然数 $u$ と整数 $n$ $(0 \le n \le u)$ に対し, 次の式が成り立つ.
$$\lg\binom{u}{n} \le n\lg\frac{u}{n} + (u-n)\lg\frac{u}{u-n}$$
$$\lg\binom{u}{n} \ge n\lg\frac{u}{n} + (u-n)\lg\frac{u}{u-n} - 1 - \frac{1}{2}\lg u$$

なお, $0\lg 0 = 0$ とする.

**証明:** $n=0$ または $n=u$ のときは $\binom{u}{n}=1$ であり, 成り立つ. 以下では $0<n<u$ の場合を考える. スターリングの公式から,
$$\lg\binom{u}{n} \le n\lg\frac{u}{n} + (u-n)\lg\frac{u}{u-n} + \frac{1}{2}\lg\frac{u}{n(u-n)} + \lg\frac{e}{2\pi}$$

となる. ここで $\frac{1}{2}\lg\frac{u}{n(u-n)}$ は最大値は $0$ 未満, 最小値は $\frac{1}{2}\lg\frac{4}{u}$ である. また, $\lg\frac{e}{2\pi}$ は負の定数である. よって 1 つ目の不等式が得られる. 同様に,
$$\lg\binom{u}{n} \ge n\lg\frac{u}{n} + (u-n)\lg\frac{u}{u-n} + \frac{1}{2}\lg\frac{u}{n(u-n)} + \lg\frac{\sqrt{2\pi}}{e^2}$$

となる. 右辺の第 3 項以降を整理すると $-\frac{1}{2}\lg u + \lg\frac{2\sqrt{2\pi}}{e^2} \ge -1 - \frac{1}{2}\lg u$ となるため, 2 つ目の不等式が得られる. □

なお, 任意の $0 \le n \le u$ に対し $(u-n)\lg\frac{u}{u-n} \le n\lg e$ が成り立つ.

## 2.2.4 文字列と集合

アルファベットとは，文字の集合である．文字間には全順序が付いていると仮定すると，アルファベットは集合 $\mathcal{A} = \{1, 2, \ldots, \sigma\}$ で表すことができる．$\sigma$ をアルファベットサイズと呼ぶ．集合 $\{1, 2, \ldots, \sigma\}$ を $[1..\sigma]$ と書くこともある．

文字列とは，文字の列である．長さ $n$ の文字列 $T$ は $n$ 個のアルファベットの直積集合 $\mathcal{A} \times \mathcal{A} \times \cdots \times \mathcal{A}$ の要素であり，これを $T[1..n]$ と表す．$T[i]$ は先頭から $i$ 番目の文字を表す．$T[i..j]$ は $T$ の $i$ 番目から $j$ 番目の文字を連結した文字列 $T[i] \cdot T[i+1] \cdots \cdot T[j]$ で，$T$ の部分文字列 (substring) と呼ぶ．部分文字列 $T[i..n]$ を $T$ の接尾辞 (suffix)，$T[1..i]$ を $T$ の接頭辞 (prefix) と呼ぶ．なお，アルファベットが $\{0, 1\}$ である文字列を**ビットベクトル**と呼ぶ．

## 2.2.5 順序木と探索順

**根付き木** (rooted tree) とは，根 (root) と呼ばれる 1 つのノードを持ち，全ての枝が根から葉の方向に向き付けられた木である．根付き木のノードの深さ (depth) は，根からそのノードまでのパス上のノードの数である．根の深さは 1 とする．根付き木のノードの高さ (height) とは，そのノードから子孫までのパス上のノード数の最大値とする．葉の高さは 1 とする．根付き木の高さとは，根の高さである．**順序木** (ordered tree) とは，根付き木で，各ノードの子ノードの間に全順序がついているものを指す．順序木の $n$ 個のノードに 1 から $n$ までの異なる整数を割り当て，その値の小さい順にノードを探索することを考える．これらの値を探索順と呼ぶ．

探索順の定義のしかたには大きく分けて 2 通りあり，木の**幅優先探索** (breadth first search, BFS) に基づくものと，**深さ優先探索** (depth first search, DFS) に基づくものがある．図 2.1 に例を示す．

幅優先探索に基づく探索順で代表的なものは 1 つのみであり，**幅優先順**と呼ばれる．これは次のように定義される．まず，根ノードに 1 を割り当てる．次に，根ノードの子の数を $d$ としたときに，子の間の全順序に従って 2 から $d+1$ の値を割り当てる．次に，探索順の小さい順に各ノードを訪れ，1 つの

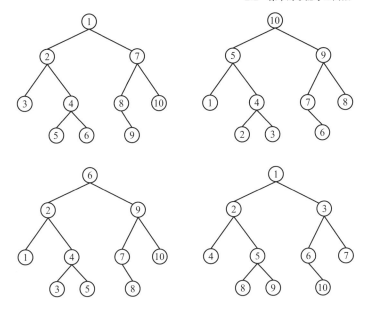

**図 2.1** 順序木のノードの順序の例．行きがけ順（左上），帰りがけ順（右上），通りがけ順（左下），幅優先順（右下）．通りがけ順は 2 分探索木に対してのみ定義される．

ノードの子ノードに対し連続する探索順を割り当てていく．これを全てのノードに対して行う．幅優先順では，根からの距離が等しいノードに対する探索順は連続する値になるため，**レベル順** (level order) とも呼ばれる．

深さ優先探索に基づく探索順は主に 3 つあり，行きがけ順 (preorder), 帰りがけ順 (postorder), 通りがけ順 (inorder) と呼ばれる．**行きがけ順**は，根ノードから深さ優先探索によってノードを訪れるときに，最初に訪れたときに探索順を割り当てるものである．根ノードの行きがけ順は必ず 1 になる．**帰りがけ順**では，深さ優先探索を行ったときにノードを最後に訪れたときに探索順を割り当てる．根ノードの帰りがけ順は必ず $n$ になる．**通りがけ順**は，順序木の中でも 2 分探索木にのみ定義できる順序である．2 分探索木とは，各内部ノードが子ノードを 1 個または 2 個持ち，1 個の場合にはそれが左の子の場合と右の子の場合を区別するものである．単なる順序木ではそのような区別はしない．通りがけ順では，深さ優先探索を行ったときにノードを 2 回目に訪れたとき

(ノードの左の部分木の探索が終わった直後) に探索順を割り当てる. 2分探索木での通りがけ順は, ノードに格納されている値の全順序と対応する.

## 2.3 情報理論的下限

あるデータを表現するために必要なビット数の**情報理論的下限** (information-theoretic lower bound) を定義する. 基数 $L$ のある集合に含まれる 1 つの要素を表現するビット列のサイズの情報理論的下限を $\lceil \lg L \rceil$ ビットと定義する. 例えば, $\mathcal{A} = \{1, 2, \ldots, \sigma\}$ 上の長さ $n$ の文字列 $S$ の場合, $S \in \mathcal{A}^n$ であり, 集合の基数は $L = \sigma^n$ である. よってこのような文字列を表現するビット列のサイズの情報理論的下限は $\lg L = n \lg \sigma$ ビットとなる. なお, 文字列中の各文字は $\lceil \lg \sigma \rceil$ ビットで表現できるため, $\sigma$ が 2 のべき乗の場合は, 文字列の自明な表現のサイズは情報理論的下限に一致する. 文字列をハフマン符号などにより符号化すればサイズは情報理論的下限よりも小さくなることはあるが, 逆に大きくなることもある. $\mathcal{A}^n$ 中の全ての文字列を $n \lg \sigma$ ビット未満で表現することはできない.

**例 2.1** 長さ $n$ のビットベクトル $B \in \{0, 1\}^n$ のサイズの情報理論的下限は $\lg 2^n = n$ ビットである. $B$ の自明な表現のサイズはこの下限に一致する.

**例 2.2** 集合 $U = \{1, 2, \ldots, u\}$ の部分集合は $2^u$ 個存在するため, $U$ の部分集合 $S$ の表現の情報理論的下限は $u$ ビットである. $S$ は長さ $u$ のビットベクトル $B \in \{0, 1\}^u$ で表現でき ($B[i] = 1 \iff i \in S$), そのサイズは下限に一致する.

**例 2.3** 集合 $U = \{1, 2, \ldots, u\}$ の部分集合でサイズが $n$ であるものは $\binom{u}{n}$ 個存在するため, $U$ のサイズ $n$ の部分集合 $S$ の表現の情報理論的下限は $\lceil \lg \binom{u}{n} \rceil$ ビットである. この値を $\mathcal{B}(n, u)$ で表す. 補題 2.3 より $n \lg \frac{u}{n} + (u - n) \lg \frac{u}{u-n} - \Theta(\lg u) \leq \mathcal{B}(n, u) \leq n \lg \frac{eu}{n} + 1$ である ($e$ は自然対数の底).

**例 2.4** 節点数 $n + 1$ の異なる順序木の個数は**カタラン数** $C_n = \frac{1}{n+1} \binom{2n}{n} \sim \frac{4^n}{n^{3/2} \sqrt{\pi}}$ であるため, このような木の表現のサイズの下限は $2n - \Theta(\lg n)$ ビッ

トである．

なお，順序木の表現でサイズが情報理論的下限に漸近的に一致するようなものについては第 6 章で説明する．

## 2.4　簡潔データ構造

**簡潔データ構造** (succinct data structure) は，データの**簡潔表現** (succinct representation) と，問い合わせなどの処理を高速に行うための補助的なデータ構造である**簡潔索引** (succinct index) から成る．

まず簡潔表現を定義する．基数 $L$ のある集合 $U$ に対する簡潔表現とは，任意の要素 $x \in U$ に対し，それを表すビット列の長さが $\lg L + o(\lg L)$ であるものである．つまり，サイズが情報理論的下限と漸近的に一致するような表現である．なお，任意の有限全順序集合に対し，サイズが情報理論的下限と完全に一致する簡潔表現は必ず存在する．

**補題 2.4**　任意の有限全順序集合に対し，サイズが情報理論的下限と一致する簡潔表現が存在する．

**証明:**　有限集合の基数を $L$ とする．要素間の全順序に従い，各要素に異なる値 $0, 1, \ldots, L-1$ を割り当てる．要素の表現として，割り当てた値の $\lceil \lg L \rceil$ ビットの 2 進表記を用いる．これのサイズは情報理論的下限と一致する．　□

このような表現は**数え上げ符号** (enumerative code) とも呼ばれる．なお，計算機で表現できる集合は全て全順序がついているとみなしてよい．このように，データの簡潔表現は必ず存在するが，データに対する問い合わせが高速に行えるかどうかは一般にはその表現に依存するため，必要な操作を考えて簡潔表現を決める必要がある．

次に，簡潔索引を定義する．次の条件を満たすデータ構造を簡潔索引と呼ぶ．

- データ構造のサイズ（ビット数）が $o(\lg L)$ ビットである．つまり，索引のサイズは簡潔表現のサイズと比較して漸近的に無視できる．

- データに対する問い合わせが，word-RAM 上で従来のデータ構造と同じ計算量で行える．

なお，サイズが $O(\lg L)$ ビットのときや，問い合わせの計算量が従来のデータ構造よりもやや遅くなる場合も簡潔データ構造ということがある．また，従来のデータ構造というあいまいな表現を使っているため，厳密な定義ではないが，RAM モデルでデータ数 $n$ に対して線形 ($O(n)$)，つまり word-RAM で考えると $O(n \lg n)$ ビットの領域を用いるデータ構造を指す場合が多い．

簡潔データ構造を簡潔表現と簡潔索引に分離している理由は，簡潔表現は異なっていても簡潔索引は同じものが使える場合があるからである．例えば，ビットベクトルに対する簡潔データ構造では，ビットベクトルを圧縮して保存するものと圧縮なしに保存するものがあり，圧縮方法も様々なものがあるが，簡潔索引は同じものが使えるため新たに開発する必要はない．ただし，両者を完全に分離できないような簡潔データ構造もあり得る．これは，両方の情報をまとめて扱うことでサイズをより小さくすることができる場合があるからである．

## 2.5 エントロピー

**エントロピー** (entropy) は確率変数の不確実性を表す値である．アルファベット $\mathcal{A}$ の要素を値としてとる確率変数 $X$ を考える．確率質量関数 (probability mass function) $p(x)$ を，$p(x) = \Pr[X = x]$ ($x \in \mathcal{A}$) と定義する．すると，$X$ のエントロピーは次のように定義される．

**定義 2.6 (エントロピー)** 離散確率変数 $X$ のエントロピー $H(X)$ を

$$H(X) = \sum_{x \in \mathcal{A}} p(x) \lg \frac{1}{p(x)}$$

と定義する．

$H(X)$ は確率変数 $X$ の実現値を符号化する際のビット数の期待値の下限を表しているが，本書では確率変数ではなく実際に現れた要素を符号化する際の

ビット数を扱う．よって**経験エントロピー** (empirical entropy) を定義する．文字列の経験エントロピーを次のように定義する．

**定義 2.7** (0 次経験エントロピー) アルファベット $\mathcal{A}$ 上の長さ $n$ の文字列 $T$ において，文字 $c \in \mathcal{A}$ の出現回数を $n_c$ とする．$T$ の 0 次経験エントロピー $H_0(T)$ を

$$H_0(T) = \sum_{c \in \mathcal{A}} \frac{n_c}{n} \lg \frac{n}{n_c}$$

と定義する．

つまり，文字 $c$ の出現確率が $\frac{n_c}{n}$ であるとして定義したエントロピーと等しい．

文字列 $T$ を生成する情報源として，$k$ 次**マルコフ情報源**を考える．これは，$T[i]$ として現れる文字 $c$ の確率が，直前の $k$ 文字 ($T[i-k..i-1]$) から決まるというモデルである．この直前の $k$ 文字を $T[i]$ の**文脈** (context) と呼ぶ．$T$ の中で文脈が $w \in \mathcal{A}^k$ である文字を集めた文字列を $T_w$ と書くことにする．すると，$T$ の $k$ 次経験エントロピーは次の式で定義される．

**定義 2.8** ($k$ **次経験エントロピー**) $T$ の $k$ 次経験エントロピーを

$$H_k(T) = \sum_{w \in \mathcal{A}^k} \frac{|T_w|}{|T|-k} \cdot H_0(T_w)$$

と定義する．

なお，$T$ の先頭の $k$ 文字については長さ $k$ の文脈が存在しないため，この定義には含まれない．

エントロピーには次の性質がある．

**補題 2.5** アルファベットサイズ $\sigma$ の任意の文字列 $T$ と任意の非負整数 $k$ に対し，

$$H_{k+1}(T) \leq H_k(T) \leq \cdots \leq H_0(T) \leq \lg \sigma$$

が成り立つ．

情報理論の詳細は教科書 [25] などを参考にしてほしい．

| $x$ | Binary($x$) | Unary($x$) | $\gamma(x)$ | $\delta(x)$ |
|---|---|---|---|---|
| 0 | 0 | 1 | — | — |
| 1 | 1 | 01 | 1 | 1 |
| 2 | 10 | 001 | 01 0 | 01 0 0 |
| 3 | 11 | 0001 | 01 1 | 01 0 1 |
| 4 | 100 | 00001 | 001 00 | 01 1 00 |
| 7 | 111 | 00000001 | 001 11 | 01 1 11 |
| 8 | 1000 | ... | 0001 000 | 001 00 000 |
| 15 | 1111 | | 0001 111 | 001 00 111 |
| 16 | 10000 | | 00001 0000 | 001 01 0000 |
| 31 | 11111 | | 00001 1111 | 001 01 1111 |
| 32 | 100000 | | 000001 00000 | 001 10 00000 |
| 63 | 111111 | | 000001 11111 | 001 10 11111 |

図 2.2 代表的な整数の符号化法.$Binary(x)$ は語頭符号ではない.ガンマ符号とデルタ符号の空白は分かりやすさのために入れている.

## 2.6 整数の符号化

**符号** (code) とは,**符号語** (code word) の集合である.符号語とは,0 と 1 の文字列である.ある符号が**語頭符号** (prefix code または prefix-free code) であるとは,符号の中の任意の符号語が,他の符号語の接頭辞になっていないことである.語頭符号の符号語列を先頭から 1 ビットずつ読んでいったとき,最初の符号語の末尾まで読んだ瞬間に最初の文字が確定する.よって語頭符号は**瞬時符号** (instantaneous code) とも呼ばれる.本書で扱う符号は全て語頭符号である.

ある非負整数 $x$ を 2 進表記すると,そのビット数は $\ell(x) = \lfloor \lg x \rfloor + 1$ ビットである.ただし $x = 0$ のときは 1 ビットとする.このビット列を $Binary(x)$ と表すとする.なお,これは語頭符号ではないため,符号語の長さが分からないと正しく復号できない.以下では代表的な語頭符号を説明する.図 2.2 に例を示す.

## 2.6.1　1進数符号

**1進数符号** (unary code) とは，非負整数の符号で，$x \geq 0$ の符号は $x$ 個の 0 の後に 1 つの 1 を付けたものである．この符号を $Unary(x)$ と表すことにする．$Unary(x) = 0^x 1$ と書ける．これは語頭符号である．なお，0 と 1 を反転して $1^x 0$ を用いることもある．

1進数符号の良い点は，複数の符号語があるときに，各符号語で表されている値の和と，符号語の長さの合計が 1 次式で表せることである．具体的には，$k$ 個の 1 進数符号語があり，それらの表す値の和が $s$ のとき，符号語の長さの合計は $k + s$ となる．この性質は，簡潔データ構造で頻繁に使われる．

1進数符号の悪い点は，符号長が $x + 1$ であり，2 進表記に対して指数的に大きいことである．よって大きな数には使うべきではない．

## 2.6.2　ゴロム符号

**ゴロム符号** [48] (Golomb code) は非負整数の符号で，パラメタ $M \geq 1$ を持つ．$x \geq 0$ を $M$ で割った商 $q$ と余り $r$ に分け，$q$ は 1 進数符号で符号化する．$r$ は $k = \lfloor \lg M \rfloor$ ビットもしくは $k + 1$ ビットで 2 進符号化する．$M = 1$ のとき，ゴロム符号は 1 進数符号と一致する．また，$M$ が 2 のべき乗のときはライス符号 (Rice code) と呼ばれる．

$M$ が 2 のべき乗ではない場合，$k$ ビットでは $M$ 通りの値を表現できないが，$k + 1$ ビット使うと少し無駄がある．そこで $M$ 個の値のうち，小さい方から $m$ 個は $k$ ビット，残りの $M - m$ 個は $k + 1$ ビットで表す．語頭符号にするために，$k$ ビットの符号は末尾に 0 か 1 を付けて $k + 1$ ビットにすると考えると，$2m$ 個の $k + 1$ ビットの符号に対応する．これと $M - m$ 個の符号を合わせて $M + m$ 個の符号で $k + 1$ ビットの全パタンを占めると考えると，$m = 2^{k+1} - M$ と設定すればよい．

## 2.6.3　ガンマ符号

**ガンマ符号** [30] (gamma code, $\gamma$ code) は，自然数 $x \geq 1$ に対する符号である．$x$ の 2 進表記 $Binary(x)$ は，先頭のビットが必ず 1 になるため，符号

化する必要はない．そして，これを語頭符号にするために，符号長 $\lfloor \lg x \rfloor$（これは 0 以上の値である）を 1 進数符号で表し，2 進表記の前に付ける．これがガンマ符号であり，$\gamma(x)$ で表すとする．なお，1 進数符号の最後のビットは 1 であり，これを 2 進表記で省略したビットだと思うと，$\gamma(x) = 0^{\ell-1} Binary(x)$ ($\ell = \lfloor \lg x \rfloor + 1$) と書ける．ガンマ符号の符号長は $|\gamma(x)| = 2\lfloor \lg x \rfloor + 1$ である．

### 2.6.4 デルタ符号

**デルタ符号** [30] (delta code, $\delta$ code) も，自然数 $x \geq 1$ に対する符号であるが，大きな $x$ に対してはガンマ符号よりも符号長が短くなる．

$x$ に対するデルタ符号 $\delta(x)$ は，$x$ の 2 進表記の先頭の 1 ビットを削除したものの前に，2 進表記の削除前の桁数をガンマ符号で表したものを付けたものである．つまり桁数を表す部分は $\gamma(\lfloor \lg x \rfloor + 1)$ である．よってデルタ符号の符号長は $|\delta(x)| = \lfloor \lg x \rfloor + 2\lfloor \lg(\lfloor \lg x \rfloor + 1) \rfloor + 1$ である．

## 2.7 整数列の符号化

### 2.7.1 ハフマン符号

**ハフマン符号** [62] (Huffman code) は，代表的な文字列の符号化法である．文字列中の各文字が決まった確率で現れるとする．ハフマン符号は文字の出現確率から定義され，その 1 文字当たりの平均符号長を $L$ とする．文字を表す確率変数を $X$ とすると，$H(X) \leq L < H(X) + 1$ が成り立つ．つまり，文字列の 0 次のエントロピー近くまで圧縮できるが，1 文字当たり最悪 1 ビット冗長になる．ハフマン符号は最適な瞬時符号である．つまり，任意の瞬時符号は平均符号長がハフマン符号以上である．なお，1 文字当たりの平均符号長には，符号木（各文字から符号語への変換表）のサイズは含まれていないため，文字列の長さが短い場合には符号木のサイズを含めると圧縮されていない場合もある．

### 2.7.2 インターバル符号

**インターバル符号** [31, 13] (interval code) は文字列または整数列の符号化の

ための符号である．以下では文字列として説明する．文字の列 $t[1]t[2]\cdots t[n]$ を考える．各文字はアルファベット $[1..\sigma] = \{1, 2, \ldots, \sigma\}$ の要素である．なお，整数列の場合は $\sigma = \infty$ となる．

インターバル符号は，文字 $t[i]$ を $t[i-h] = t[i]$ となる最小の自然数 $h$ に変換し，$h$ を整数の符号化法で符号化する．つまり，$t[i]$ が $h$ 文字前と同じことを表し，頻繁に現れる文字は小さい自然数で表現されることになる．ただし，ある文字が文字列中での最初の出現の場合には $h$ が定義できないため，アルファベットの全ての文字が文字列の前にあるとみなし，$h$ を定義する．具体的には，$t[-c+1] = c$ $(c = 1, 2, \ldots, \sigma)$ とみなす．

インターバル符号の符号長を見積もる．文字列 $T$ 中の文字 $c \in \mathcal{A}$ の出現位置を $i_1, i_2, \ldots, i_{n_c}$ とする（$n_c$ は $c$ の出現回数）．また，$i_0 = -c+1$ とする．これは文字列の前に追加したダミー文字の位置である．インターバル符号で整数をデルタ符号で表すとすると，$n_c$ 個の全ての $c$ の出現に対する符号の長さの和は $\sum_{j=1}^{n_c} |\delta(i_j - i_{j-1})| \leq |\delta(c)| + |\delta(i_1)| + \sum_{j=2}^{n_c} |\delta(i_j - i_{j-1})| \leq n_c |\delta(n/n_c)| + \mathrm{O}(\lg \sigma)$ となる．全ての文字に対して和をとると，文字列に対する符号長は $\sum_{c=1}^{\sigma} (n_c |\delta(n/n_c)| + \mathrm{O}(\lg \sigma)) = n(1 + H_0(T) + 2\lg H_0(T)) + \mathrm{O}(\sigma \lg \sigma)$ 以下となる．つまり，ハフマン符号に近い符号長が達成でき，ハフマン符号の符号木を格納する必要もない．

インターバル符号の列から文字列を復元する場合，直前の同じ文字までの距離 $h$ が分かっても，その文字が何なのかは分からない．文字列を先頭から復元していき，既に復元した部分を配列に格納しておけば，インターバル符号の値から文字は定数時間で求まる．

### 2.7.3 MTF 符号

**MTF 符号** [31, 13] (move-to-front code) は，インターバル符号と同様に，文字 $t[i]$ を符号化する際に $t[i-h] = t[i]$ となる最小の自然数 $h$ を考えるが，$h$ をそのまま符号化するのではなく，$t[i-h..i-1]$ 内の異なる文字の数を符号化する．

インターバル符号は値は 1 以上 $n + \sigma$ 以下だが，MTF 符号では 1 以上 $\sigma$

以下である．また，MTF 符号での値はインターバル符号での値以下になるため，MTF 符号の符号長はインターバル符号の符号長以下となる．また，値が必ずアルファベットサイズ以下になるため扱いやすい．欠点としては，長さ $n$ の文字列に対し，インターバル符号はアルファベットサイズの配列を用いることで $O(n)$ 時間で計算できるが，MTF 符号の計算は $O(n \lg \sigma)$ 時間かかる [13] 点である．

### 2.7.4　Elias-Fano 符号

**Elias-Fano 符号** [29, 32] は広義単調増加する非負整数の列に対する符号である．$n$ 個の非負整数を $0 \leq x_1 \leq x_2 \leq \cdots \leq x_n = u$ とする．$x_i$ の下位 $s$ ビット $(s \geq 0)$ を $r_i$ とする．つまり $r_i$ は $x_i$ を $2^s$ で割った余り $(x_i \bmod 2^s)$ であり，$0 \leq r_i \leq 2^s - 1$ である．また，$x_i$ の下位 $s$ ビットを取り除いたものを $q_i$ とすると，$q_i = \lfloor x_i/2^s \rfloor$ である．この値は $0 \leq q_1 \leq q_2 \leq \cdots \leq q_n = \lfloor u/2^s \rfloor$ となる．そして，$q_i$ の代わりに直前の値との差分 $d_i = q_i - q_{i-1}$ を 1 進数符号で符号化する．なお，$q_0 = 0$ とする．1 進数符号の長さの合計は $n + q_n = n + \lfloor u/2^s \rfloor$ となる．

いま，$s = \lceil \lg(u/n) \rceil$ とすると，

$$\left\lfloor \frac{u}{2^s} \right\rfloor \leq \left\lfloor \frac{u}{2^{\lg \frac{u}{n}}} \right\rfloor = \left\lfloor \frac{u}{\frac{u}{n}} \right\rfloor = n$$

となり，$\{q_i\}$ に対する符号の長さは $2n$ 以下，$\{r_i\}$ に対する符号の長さは $n \lceil \lg(u/n) \rceil$ となり，数列 $\{x_i\}$ は $n(2 + \lceil \lg(u/n) \rceil)$ ビットで表せる．

なお，Elias-Fano 符号は，単調増加ではない非負整数の列を表していると考えることもできる．$n$ 個の非負整数 $d_1, d_2, \ldots, d_n$ に対し，$x_i = d_1 + d_2 + \cdots + d_i$ $(i = 1, 2, \ldots, n)$ と定義すると，$x_i$ は広義単調増加な非負整数の列となるため，Elias-Fano 符号で表せ，各 $d_i$ は $x_i - x_{i-1}$ で求まる．つまり，Elias-Fano 符号は非負整数列の**接頭和** (prefix sum) を表しているとも言える．

Elias-Fano 符号を用いて文字列 $T$ を符号化することを考える．インターバル符号を用いた場合と同様に，文字列中の文字 $c \in \mathcal{A}$ の出現位置を $i_1, i_2, \ldots, i_{n_c}$ とし，これらを Elias-Fano 符号で符号化する．$s_c = \lceil \lg(n/n_c) \rceil$ とすると，文字 $c$ に対する符号の長さは $n(2 + \lceil \lg(n/n_c) \rceil)$ である．文字列全体に対する符

号の長さは

$$\sum_{c=1}^{\sigma} n(2 + \lceil \lg(n/n_c) \rceil) + \mathrm{O}(\sigma \lg \sigma) < n(3 + H_0(T)) + \mathrm{O}(\sigma \lg \sigma)$$

となる．なお，この他に各文字 $c$ に対して $n_c$ の値を保存する必要があり，$\sigma \lg n$ ビット必要である．

なお，Elias-Fano 符号をランダムアクセス可能にする方法は第 3.4.1 項で説明する．

# 第3章

# 基本的な簡潔データ構造

本章では,まず,全ての簡潔データ構造の基本であるビットベクトルの簡潔データ構造を説明する.そして,その拡張や,疎なベクトルの場合にサイズをさらに小さくする各種手法を説明する.また,データ構造のサイズの下限や,実装上の工夫について説明する.

## 3.1 ビットベクトルの簡潔データ構造

最も基本的な簡潔データ構造は**ビットベクトル** (0,1 ベクトル) を表すものである.$B \in \{0,1\}^n$ を長さ $n$ のビットベクトルとする.$B$ の $i$ ビット目 ($1 \le i \le n$) を $B[i]$ と表す.また,$i$ ビット目から $j$ ビット目 を連結したものを $B[i..j]$ と表す.$i > j$ のとき,$B[i..j]$ は空とする.これに対し,次の演算を定義する.

- $access(B,i)$: $B[i]$ を返す
- $rank_0(B,i)$: $B[1..i]$ の中の 0 の数を返す
- $rank_1(B,i)$: $B[1..i]$ の中の 1 の数を返す
- $select_0(B,j)$: $B$ の先頭から $j$ 番目の 0 の 位置を返す
- $select_1(B,j)$: $B$ の先頭から $j$ 番目の 1 の 位置を返す

なお,$i \le 0$ のとき $rank_0(B,i) = rank_1(B,i) = 0$, $j \le 0$ のとき $select_0(B,j) = select_1(B,j) = 0$, $i > n$ のとき $rank_c(B,i) = rank_c(B,n)$ ($c = 0,1$), $j > rank_c(B,n)$ のとき $select_c(B,j) = n+1$ とする ($c = 0,1$). $rank$, $select$ はそ

れぞれ $rank_1$, $select_1$ を表すとする．

また，次の演算も定義する．

- $pred_c(B, i)$: $B[i]$ の直前で $B[j] = c$ となる位置 $j < i$ を返す
- $succ_c(B, i)$: $B[i]$ の直後で $B[j] = c$ となる位置 $j > i$ を返す

$pred$ を**先行値** (predecessor)，$succ$ を**後続値** (successor) と呼ぶ．なお，$rank_c$ と $select_c$ が計算できるとき，$pred_c(B, i) = select_c(B, rank_c(B, i-1))$，$succ_c(B, i) = select_c(B, rank_c(B, i) + 1)$ となる．先行値を計算できるデータ構造を**先行値データ構造** (predecessor data structure) と呼ぶ．

これらの演算を語長 $\lg n$ ビットの word-RAM 上で定数時間で実現する，漸近的に最適サイズ ($n + \mathrm{o}(n)$ ビット) のデータ構造を以下に示す．

## 3.1.1　$rank$ の計算

まず，$rank_1(B, i)$ を計算するために $B$ に追加する補助データ構造 (索引) を考える．何も索引を追加しない場合，$rank_1(B, i) = \sum_{j=1}^{i} B[j]$ であるためこの式の定義のままに計算すると $\mathrm{O}(i) = \mathrm{O}(n)$ 時間かかる．これを高速化するために，$B$ を長さ $\ell = \lg^2 n$ ずつに分割し，それぞれを大ブロックと呼ぶ．$j$ 番目 ($1 \leq j < n/\ell$) のブロックは，$B[\ell(j-1)+1..\ell j]$ に対応する．そして，整数配列 $R_\mathrm{L}$ を用意し，$R_\mathrm{L}[j]$ には最初から $j-1$ ブロック目までの 1 の総数を格納する．$R_\mathrm{L}[j]$ の値の最大値は $n$ なので，配列の各要素は $\lg(n+1)$ ビットで表現でき，$R_\mathrm{L}$ のサイズは $\mathrm{O}\left((n/\lg^2 n) \cdot \lg n\right) = \mathrm{O}(n/\lg n)$ となる．すると，$x = \lceil i/\ell \rceil$ とおくと，

$$rank_1(B, i) = \sum_{j=1}^{i} B[j] = \sum_{j=1}^{\ell(x-1)} B[j] + \sum_{j=\ell(x-1)+1}^{i} B[j]$$

$$= R_\mathrm{L}[x] + \sum_{j=\ell(x-1)+1}^{i} B[j]$$

となり，$\mathrm{O}(\ell) = \mathrm{O}(\lg^2 n)$ 時間となる．なお，$R_\mathrm{L}[1] = 0$ とする．

これを更に高速化するために，各大ブロックをさらに長さ $s = \frac{1}{2}\lg n$ ずつ

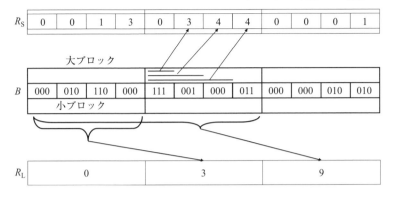

**図 3.1** ビットベクトルの索引の例. $\ell = 12, s = 3$ とする.

に区切る. これを小ブロックと呼ぶ. そして, もう1つ整数配列 $R_S$ を用意する. $R_S[y]$ は $y$ 番目の小ブロックが属する大ブロックに対して, その大ブロック内での先頭からその小ブロックの直前のブロックまでの 1 の総数を入れる. 具体的には, $B[i]$ を含む小ブロックの番号は $y = \lceil i/s \rceil$ であり, これは $B[s(y-1)+1..sy]$ に対応する. $y$ 番目の小ブロックを含む大ブロックの番号は $x = \lceil y/(\ell/s) \rceil$ である. よって

$$rank_1(B, i) = \sum_{j=1}^{i} B[j] = R_L[x] + R_S[y] + \sum_{j=s(y-1)+1}^{i} B[j]$$

となり, $O(s) = O(\lg n)$ 時間となる. なお, $(z-1) \bmod (\ell/s) \equiv 0$ となる $z$ に対し, $R_S[z] = 0$ としておく. $R_S[y]$ の値の最大値は $\ell - s = \lg^2 n - s$ なので (各大ブロック内の最後の小ブロック内の 1 の数は含まれない), $R_S$ のサイズは $O((n/s) \cdot \lg \ell) = O(n \lg \lg n / \lg n)$ となる. 図 3.1 は索引の例である.

なお, この方法を拡張して (小ブロックをさらに分割して) 問い合わせ時間計算量を定数にすることはできない. $B[s(y-1)+1..i]$ 中の 1 の数を定数時間で求めるには, **表引き** (table lookup) と呼ばれる手法を用いる. $B[s(y-1)+1..i]$ の長さは $s = \frac{1}{2} \lg n$ 以下であるため, このビット列を読み込むことは word-RAM で定数時間で行える. 読み込んだビット列は $[0, \sqrt{n}]$ の整数とみなせる. この値を $w$ とする. 小ブロック内での $rank$ を計算するための表は, 2次元となる. 表のエントリ $T[w][j]$ は, 整数 $w$ の 2 進表現である

|  | 小ブロック中の位置 | | |
|---|---|---|---|
| | 1 | 2 | 3 |
| 000 | 0 | 0 | 0 |
| 001 | 0 | 0 | 1 |
| 010 | 0 | 1 | 1 |
| 011 | 0 | 1 | 2 |
| 100 | 1 | 1 | 1 |
| 101 | 1 | 1 | 2 |
| 110 | 1 | 2 | 2 |
| 111 | 1 | 2 | 3 |

$\frac{1}{2}\lg n$ ビットの $B$ の全パタン $\sqrt{n}$ 個

**図 3.2** 小ブロックでの $rank$ を計算する表の例. $s = 3$ とする.

ビット列の, 先頭から $j$ ビット目までに含まれる 1 の数を格納する. すると, $B[s(y-1)+1..i]$ 中の 1 の数は $T[w][i-s(y-1)]$ となる. 表のエントリのアドレスは, $w$ と $j$ で指定する. $0 \leq w < \sqrt{n}$, $1 \leq j \leq s$ である. また, 各エントリは $s$ 以下であるため $\lg(s+1)$ ビットで表現できる. よって表の占める領域は $O(\sqrt{n} \lg n \lg \lg n) = o(n \lg \lg n / \lg n)$ ビットであり, 各エントリは定数時間でアクセスできる. 以上より, $rank_1$ はベクトル $B$ と $O(n \lg \lg n / \lg n)$ ビットの索引を用いて定数時間で求まる. なお, $rank_0(B, i) = i - rank_1(B, i)$ より $rank_0(B, i)$ も定数時間で計算できる.

## 3.1.2 $select$ の計算

次に, $select_1$ を定数時間で計算できる索引を与える. $B$ の中の 1 の数を $m$ とする. $\ell = \lg^2 n$ とし, $B$ を各大ブロックが 1 をちょうど $\ell$ 個含むように大ブロックに分割する (最後の大ブロックは $\ell$ 個以下). つまり, $s_i = select_1(B, \ell i)$ $(i = 1, 2, \ldots, \lceil m/\ell \rceil)$, $s_0 = 0$ とすると, $i$ 番目の大ブロック $B_i$ は $B[s_{i-1}+1..s_i]$ である.

もし, ある大ブロックの長さが $\lg^4 n$ 以上のとき, そのブロックは疎であるといい, そうでない場合は密であるという. 全ての疎な大ブロックに対し, そ

の中の全ての 1 の位置をそのまま配列に格納する．疎な大ブロックの個数は $n/\lg^4 n$ 個以下であるため，1 の位置を格納するために必要なスペースは最大でも $(n/\lg^4 n) \cdot \lg^2 n \cdot \lg n = n/\lg n$ ビットである．

密な大ブロックに対しては，まずそれを長さ $s = \frac{1}{2}\lg n$ の小ブロックに分割する．1 つの大ブロック内の小ブロックの数は $2\lg^3 n$ 個以下である．それらを葉に持つ完全 $\sqrt{\lg n}$ 分木を構築する．葉の数は $2\lg^3 n$ 以下であるため，木の深さは定数である．木の葉には，それに対応する小ブロック中の 1 の数を $\lg(s+1)$ ビットを用いて格納する．木の各内部ノードには，そのノードの子孫の葉全ての 1 の数を格納する．これらの値は，木の幅優先順にメモリに格納する．大ブロックには 1 がちょうど $\ell = \lg^2 n$ 個存在するため，各値は $O(\lg \lg n)$ ビットで格納できる．ベクトル全体での内部ノードの数は $O(n/s)$ 個であるため，全体でも $O(n \lg \lg n/\lg n)$ ビットで格納できる．この他に，各大ブロックに対し，対応するデータ構造へのポインタを格納する．これは $O(\lg n \cdot (n/\ell)) = O(n/\lg n)$ ビットである．

$select_1(B, i)$ を計算するには，まず $i$ の属する大ブロックに対する索引を求める．大ブロックが疎ならば答えは配列にそのまま格納されている．密な場合は，そのブロックの木を以下のように根から探索し，答えのある葉を求める．各内部ノードにおいて，その $\sqrt{\lg n}$ 個の部分木内の 1 の数を読み込む．これらはメモリ上で連続した場所にあり，全部で $O(\sqrt{\lg n} \lg \lg n) = o(\lg n)$ ビットであるため，$select_1(B, i)$ の属する部分木は表引きにより定数時間で求まる．木の深さも定数であるため，$select_1(B, i)$ の属する葉も定数時間で求まる．葉の中での $select_1(B, i)$ の位置も表引きで定数時間で求まる．

なお，ここでは $O(\sqrt{\lg n} \lg \lg n) = o(\lg n)$，つまり $(\lg \lg n)^2$ が $\lg n$ より小さくなる $n$ を仮定している．つまり $n > 2^{16}$ となる．また，$n$ がこの仮定を満たしたとしても，用いる表のサイズはかなり大きくなってしまう．実用的には，$\sqrt{\lg n}$ 個の部分木の情報を一度に読み込んで表を引くのではなく，$\varepsilon\sqrt{\lg n}$ 個（$0 < \varepsilon < 1$ はある定数）ずつ読み込み，それに対する表を引いていけばよい．計算時間は $O(1/\varepsilon)$ でやはり定数である．こうすることで $n$ が小さい値でも仮定（$\varepsilon\sqrt{\lg n} \lg \lg n < \lg n$）を満たすようになり，また，表のサイズも小さくできる．

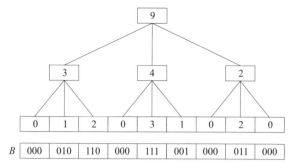

**図 3.3** 密な大ブロックで $select_1$ を計算するための索引．各ノードにはその部分木内の小ブロックの 1 の数の合計を格納する．

$select_0$ を計算する場合は，$B$ の 0,1 を反転したベクトルに対して $select_1$ と同様の索引を作成すればよい．ただし，$B$ を反転したものを格納するのではなく，アルゴリズム中で $B$ を読み込むたびにそれを反転して用いる．以上より，次の定理を得る．

**定理 3.1 (データ構造 BV [93])** [*1] 長さ $n$ のビットベクトルが与えられたとき，$O(n)$ 時間の前処理により，$O(n \lg \lg n / \lg n)$ ビットの補助データ構造を用いて $rank_1$, $rank_0$, $select_1$, $select_0$ は語長 $\Omega(\lg n)$ の word-RAM で定数時間で計算できる．

## 3.2 パタンに対する $rank/select$

ビットベクトルでの $rank$ と $select$ は，ビットパタン $p$ (11 や 01) に拡張できる．まず定義を与える．

**定義 3.1** 長さ $n$ のビットベクトル $B[1..n]$ と長さ $c$ のビットパタン $p \in \{0,1\}^c$ に対し，

- $rank_p(B, i)$: $B[j..j+c-1] = p$ となる $j$ ($1 \leq j \leq i$) の数

---

[*1] BV は bit vector を表す．

- $select_p(B,i)$: $B[j..j+c-1] = p$ となる $j$ $(1 \leq j \leq n-c+1)$ の中で，小さい順に $i$ 番目の値

と定義する．

つまり，パタン $p$ が $B$ の中で重なって出現する場合は重複して数える．$c=1$ のときはこれまでの $rank/select$ の定義と一致する．

あるビットパタン $p$ に対してこれらの値を計算するには，長さ $n$ のビットベクトル $B'$ を作成し，$B'[j] = 1 \iff j+c-1 \leq n$ かつ $B[j..j+c-1] = p$ と設定すれば，$rank_p(B,i) = rank_1(B',i)$, $select_p(B,i) = select_1(B',i)$ となるため，定数時間で計算できるが，この方法では異なるパタンごとに1つのビットベクトルを作成する必要がある．しかし異なるパタンに対してビットベクトル $B$ を共有できる．

**補題 3.1** 長さ $n$ のビットベクトル $B[1..n]$ と定数の長さ $c$ のビットパタン $p \in \{0,1\}^c$ に対し，$rank_p(B,i)$ と $select_p(B,i)$ は，$B$ に $O(n \lg\lg n / \lg n)$ ビットの索引を追加することで定数時間で計算できる．

**証明：** 一旦ビットベクトル $B'$ を作成し，それに対する索引 $I$ をデータ構造 BV を用いて構築する．そして $B'$ は破棄し，問い合わせには $B$ と $I$ を用いる．$rank_p$ と $select_p$ の問い合わせを処理する際には $B'$ の1ワード（$O(\lg n)$ ビット）を参照するが，これは $B$ の定数個のワードに対する AND, OR, NOT のビット演算と掛け算（ビットのシフト）で定数時間で計算できる．データ構造 BV は定数時間で $rank/select$ を計算するため，その問い合わせアルゴリズム中では定数個のワードしか参照しない．よって $rank_p$ と $select_p$ の計算も定数時間である． □

ビットベクトルを実装する場合，複数ビットを計算機の1ワードに詰め込んで格納することになる．1ワードは $w$ ビットとする．$i = qw + r$ $(q \geq 0, 1 \leq r \leq w)$ とすると，$B[i]$ はワード配列の $q$ 番目に格納され，そのワード中のビット位置は下から $r$ ビット目とする．例えば，$p$ が 10 の場合，$B'$ を表現するワード配列の $q$ 番目 $B'[q]$ は，C言語では次のように計算できる．

```
B'[q] = B[q] & ~((B[q] >> 1) | (B[q+1] << (w-1)))
```

なお，$w$ は 1 ワード当たりのビット数（32 や 64），& は論理積 (AND)，| は論理和 (OR)，~ はビット反転 (NOT)，>> と << はビットシフトである．$p$ が $c$ ビットなら，$c-1$ 回の論理積をとることで $B'[i]$ は計算できる．$c$ が定数ならこれは定数時間である．なお，$c$ が定数でなくても $B'[i]$ が定数時間で計算できればよい．また，$B$ は非圧縮でそのまま格納する必要はなく，$B[i]$ が定数時間で求まるならば圧縮してあったり別の表現にしていてもよい．

## 3.3 疎なベクトルの簡潔データ構造

基数 $L$ のある集合に含まれる 1 つの要素を表現するビット列のサイズの情報理論的下限は $\lg L$ ビットであった．しかし，この集合の基数 $L'$ の部分集合に属する 1 つの要素を表現する場合の下限は $\lg L'$ ビットとなり，これに漸近するサイズのデータ構造が必要となる．

長さ $u$ のビットベクトルで，その中の 1 の数がちょうど $n$ 個である場合を考える．第 2.3 節の例 2.3 で示したように，このようなベクトルの表現サイズの下限は補題 2.3 より $\mathcal{B}(n,u) \equiv \lceil \lg \binom{u}{n} \rceil = n \lg \frac{u}{n} + (u-n) \lg \frac{u}{u-n} - \mathrm{O}(\lg u)$ である．この下限はベクトルの 0 次経験エントロピー $H_0(B)$ とほぼ等しい．$n$ が小さいとき，または $u$ に近い場合はこの下限は $u$ よりも小さくなり，ベクトルをそのまま格納するデータ構造では冗長になる．以下では，ビットベクトルでの $rank/select$ を定数時間で計算できる $\mathcal{B}(n,u) + \mathrm{O}(u \lg \lg u / \lg u)$ ビットのデータ構造を示す．

ビットベクトル $B[1..u]$ を長さ $s = \frac{1}{2} \lg u$ のブロックに分割する．$i$ 番目のブロック $B_i$ は $B[(i-1)s+1..is]$ である．$B_i$ 中の 1 の数を $n_i$ とする．長さ $s$ で 1 が $n_i$ 個あるベクトルは $\binom{s}{n_i}$ 個存在するが，これらに異なる符号を割り当てればよい．1 の数が等しいブロックは全て同じ長さの符号で表すとすると，$B_i$ は $\mathcal{B}(n_i, s)$ ビットで表現できる．この符号を $b_i$ とする．この他に $n_i$ も格納する必要があるが，これは $\lceil \lg s \rceil = \mathrm{O}(\lg \lg u)$ ビットで表現できる．$n_i$ と $b_i$ は $\lg u$ ビット未満で表現できるため，$B_i$ は表引きにより定数時間で復元できる．

全てのブロックは

$$\sum_{i=1}^{u/s} (\lceil \lg s \rceil + \mathcal{B}(n_i, s))$$
$$\leq \sum_{i=1}^{u/s} \left(1 + \lg \binom{s}{n_i}\right) + \mathrm{O}(u \lg \lg u / \lg u)$$
$$\leq \lg \binom{u}{\sum_{i=1}^{u/s} n_i} + \mathrm{O}(u \lg \lg u / \lg u)$$
$$= \mathcal{B}(n, u) + \mathrm{O}(u \lg \lg u / \lg u)$$

ビットで表現できる.問題になるのは,各ブロックの表現が格納されているアドレスを定数時間で求める必要があるということである.1つのブロックに対してポインタを1つ使ってしまうと,全てのポインタで必要な領域が $\Theta(n \lg n/s) = \Theta(n)$ ビットとなり,簡潔にならない.そこでポインタも圧縮する必要がある.そのために以下のデータ構造を用いる.

**定理 3.2 (データ構造 TY [104])** [*2] 整数列 $z_1, \ldots, z_k$ が,全ての $1 \leq i \leq k$ に対し $|z_i| = n^{\mathrm{O}(1)}$ かつ $\min\{|z_i|, |z_i - z_{i-1}|\} = \mathrm{polylog}(n)$ のとき,この整数列は $\mathrm{O}(k \lg \lg n)$ ビットで表現でき,各 $z_i$ の値は語長 $\Omega(\lg n)$ の word-RAM で定数時間で取り出せる.

**証明:** 整数 $z_i$ は, $i \bmod \lceil \lg n \rceil \equiv 1$ のときに代表元と呼ぶことにする.代表元はそのまま $\mathrm{O}(\lg n)$ ビットで格納する.代表元全体で $\mathrm{O}(k)$ ビットである.それ以外の値は直前の代表元からの差分またはその値自身を格納する.なお,どちらの方法で格納しているかを表す1ビットも格納する.直前の値との差分は $\mathrm{polylog}(n)$ 以下であるため,代表元からの差分は $\lceil \lg n \rceil \cdot \mathrm{polylog}(n)$ 以下となり, $\mathrm{O}(\lg \lg n)$ ビットで表現できる.値自身を格納する場合も同様である.全体で $\mathrm{O}(k \lg \lg n)$ ビットである.差分から実際の値を復元することは定数時間で行える. □

このデータ構造を用いて,各ブロックのアドレスを格納する.ブロック $B_i$ のアドレスを $a_i$ とすると $(1 \leq i \leq u/s)$, $a_i = \mathrm{O}(u)$, $a_i - a_{i-1} = \mathrm{O}(s) = \mathrm{O}(\lg u)$

---

[*2] TY は Tarjan, Yao を表す.

より，全てのアドレスは $\mathrm{O}((u/s) \lg \lg u) = \mathrm{O}(u \lg \lg u / \lg u)$ ビットで表現でき，各アドレスは定数時間で求まる．以上より，ベクトル $B$ の任意のブロックは定数時間で得ることができる．$rank/select$ を求めるにはデータ構造 BV の索引をそのまま用いる．サイズは $\mathrm{O}(u \lg \lg u / \lg u)$ ビットである．以上より，次の定理を得る．

**定理 3.3 (データ構造 FID [93])** 長さ $u$ のビットベクトルで 1 を $n$ 個含むものが与えられたとき，$\mathrm{O}(u)$ 時間の前処理により，$\mathcal{B}(n, u) + \mathrm{O}(u \lg \lg u / \lg u)$ ビットのデータ構造を用いて $rank_1$, $rank_0$, $select_1$, $select_0$ は語長 $\Omega(\lg u)$ の word-RAM で定数時間で計算できる．

このデータ構造を**完全索引付き辞書** (fully indexable dictionary, FID) と呼ぶ．

FID を用いると，簡潔データ構造の設計が簡単になる．例を 2 つ挙げる．多くの簡潔データ構造で，データを間引いて格納するということを行う．例えば，長さ $n$ の整数配列 $A[1..n]$ の中の $m = n / \lg n$ 個の要素のみを残して残りは削除するということがよくある．その際，どのデータを格納しているかをビットベクトル $B[1..n]$ を用い，$B[i] = 1$ ならば $A[i]$ が格納されていることを表す．要素は別の整数配列 $A'[1..m]$ を用い，$A[i]$ は $A'[rank_1(B, i)]$ に格納する．そして $B$ を FID で表すと，サイズは $\mathcal{B}(m, n) + \mathrm{O}(n \lg \lg n / \lg n) = \mathrm{O}(n \lg \lg n / \lg n)$ ビットとなり，$rank_1$ は定数時間で求まる．また，可変長のデータの配列をメモリ中に格納するときに，各データを格納しているメモリアドレス（ポインタ）を圧縮できる．$m$ 個のデータのサイズの合計が $n$ ビットとする．ビットベクトル $B[1..n]$ を用意し，各データを格納しているアドレスに対応するビットを 1 にする．すると $i$ 番目のデータのアドレスは $select_1(B, i)$ で求まる．$B$ を圧縮しないとサイズが倍になることになるが，FID で圧縮すれば $\mathcal{B}(m, n) + \mathrm{O}(n \lg \lg n / \lg n)$ ビットになる．

なお，長さ $u$ のビットベクトルに対して FID を用いたときの $rank/select$ の索引のビット数は $\mathrm{O}(u \lg \lg u / \lg u)$ で，一方サイズの下限は $\mathcal{B}(n, u) = n \lg \frac{u}{n} + (u-n) \lg \frac{u}{u-n} - \mathrm{O}(\lg u)$ である．$n = \mathrm{o}(u / \lg u)$ だとすると，$\mathcal{B}(n, u) = \mathrm{o}(u \lg \lg u / \lg u)$ となり，索引のビット数の方が多くなり，このデータ構造は簡潔とは言えなくなってしまう．つまり，$n = \mathrm{o}(u / \lg u)$ の場合には別の表現が

必要となる．そのような表現は第 3.4 節で説明する．

FID を用いて**多重集合** (multi set) を表現することができる．集合 $U = \{1, 2, \ldots, u\}$ からの多重集合 $M$ を考える．つまり，$M$ の各要素は $U$ の要素であり，$M$ には同じ値が複数入っていることもある．$|M| = n$ とする．これに対し，次の関数を定義する．

- $rankm(M, x)$: $x \in U$ に対し，$|\{y \in M \mid y < x\}|$ を返す．
- $selectm(M, i)$: $1 \leq i \leq n$ に対し，$rankm(M, x) \leq i - 1$ となる最大の $x \in M$ を返す．

つまり，$rankm(M, x)$ は $M$ の中の $x$ 未満の要素数（同じ値は重複して数える），$selectm(M, i)$ は $M$ の要素を小さい順に並べたときの $i$ 番目の値を指す．

**定理 3.4** 集合 $U = \{1, 2, \ldots, u\}$ からの多重集合 $M$ を考える．$n = |M|$, $u' = n + u$ とする．$\mathcal{B}(n, u') + \mathrm{O}(u' \lg \lg u' / \lg u')$ ビットのデータ構造を用いて，$rankm(M, x)$ と $selectm(M, i)$ は語長 $\Omega(\lg u')$ の word-RAM で定数時間で計算できる．

**証明:** 長さ $u'$ のビットベクトル $B[1..u']$ を用意する．各 $i \in U$ に対し，$M$ の中の $i$ の出現頻度 $n_i$ を 1 進数符号で表す．つまり，$n_i$ 個の 1 に続けて 1 つの 0 を書く．これを全ての $i$ に対して連結すると，1 が $n$ 個，0 が $u$ 個のベクトルが得られる．つまりベクトルの長さは $u' = n + u$ である．すると，$rankm(M, x) = select_0(B, x-1) - (x-1)$, $selectm(M, i) = select_1(B, i) - i + 1$ となる．$B$ を FID で表すと，サイズは $\mathcal{B}(n, u') + \mathrm{O}(u' \lg \lg u' / \lg u')$ となり，$select$ は定数時間で求まる． □

## 3.4 非常に疎なベクトルの簡潔データ構造

本節ではベクトルが非常に疎，つまりベクトルの長さを $u$, その中の 1 の数を $n$ として $n = \mathrm{o}(u / \lg u)$ の場合の簡潔データ構造を考える．

## 3.4.1 ランダムアクセス可能な Elias-Fano 符号

まず，$select_1$ のみを定数時間で求められる簡単なデータ構造を考える．これは，第 2.7.4 項の Elias-Fano 符号に基づいたものである．ビットベクトル中の 1 の位置を単調増加数列だとみなし，Elias-Fano 符号で符号化する．

**定理 3.5 (データ構造 GV [54])** [*3] 長さ $u = 2^w$，1 の数が $n$ のビットベクトル $B$ に対し，$select_1(B, i)$ は $n(2 + w - \lfloor \lg n \rfloor) + O(n \lg \lg n / \lg n)$ ビットのデータ構造を用いて語長 $\Omega(\lg u)$ の word-RAM で定数時間で計算できる．

**証明:** $B$ の中の 1 の位置を $p_1 < p_2 < \cdots < p_n$ とする．なお，位置は 0 から始まるとする．各 $p_i$ は $w$ ビットの数だが，その上位 $z = \lfloor \lg n \rfloor$ ビットを $q_i$，残りの下位ビットを $r_i$ とする．下位ビットはそのまま整数配列 $L$ に格納する．必要な領域は $n(w - z) = n(w - \lfloor \lg n \rfloor)$ ビットである．上位ビットは次のように $2n + O(n \lg \lg n / \lg n)$ ビットで表現する．$q_1, q_2 - q_1, q_3 - q_2, \ldots, q_n - q_{n-1}$ を 1 進数符号 ($k \geq 0$ は $0^k 1$ で表現) で符号化し，それを連結したものを $H$ とする．$H$ はちょうど $n$ 個の 1 と，$q_n \leq n$ 個の 0 から成る．つまり $H$ の長さは $2n$ 以下である．$H$ をデータ構造 BV で表現する．そのサイズは $2n + O(n \lg \lg n / \lg n)$ ビットである．すると $q_i = select_1(H, i) - i$ であり，定数時間で求まる．$r_i$ は単に配列に格納されているだけなので定数時間で求まる．$select_1(B, i) = p_i = q_i \cdot 2^{w-z} + r_i$ より，定数時間で求まる．□

図 3.4 に例を示す．このデータ構造の特徴は，非常に疎なベクトルでの問題を，長さ $2n$ の密な (1 と 0 がほぼ同数の) ベクトル $H$ での問題に変換していることである．その結果，低次項が $O(u \lg \lg u / \lg u)$ から $O(n \lg \lg n / \lg n)$ に削減されている．また，上位桁を表す $H$ は圧縮する必要がなく，下位桁も固定長のため，実用上は高速である．

欠点としては，サイズが情報理論的下限 $\mathcal{B}(n, u) \leq n \lg \frac{u}{n} + 1.44n$ よりも少し大きいこと，$rank_1$, $rank_0$, $select_0$ を求めるには $O(\lg n)$ 時間かかる ($select_1$ を用いて 2 分探索する) ことである．なお，$select_0(B, x)$ を求めるには次のよ

---

[*3] GV は Grossi, Vitter を表す．

$B = 10000000010000001100000000010000$
$u = 32, n = 5, w = 5, \quad z = \lfloor \lg n \rfloor = 2$
$p_i = 0, 9, 16, 17, 27$
$q_i = 0, 1, 2, 2, 3 \quad \Longrightarrow H\colon 1\ 01\ 01\ 1\ 01$
$r_i = 0, 1, 0, 1, 3 \quad \Longrightarrow L\colon 000\ 001\ 000\ 001\ 011$

**図 3.4** 非常に疎なビットベクトルのデータ構造. ビットの位置は 0 から始まるとする.

うにすればよい. $j = select_1(B, i)$ とすると, $B[1..j]$ には $j - i$ 個の 0 がある. この値は $i$ が増えると単調に増加するため, 2 分探索を適用し, $x$ 番目の 0 の直前・直後の 1 を求める. これらの 1 の間は全て 0 であるため, $x$ 番目の 0 の位置は計算で求まる.

次に, このデータ構造を用いて 2 分探索よりも高速に $rank_1$ を求めることを考える. 実は, ベクトル $H$ に $select_0$ の索引を追加すれば, $rank_1$ は $O\left(\lg \frac{u}{n}\right)$ 時間で求まる. $n = \Theta(u/\mathrm{polylog}(u))$ であればこれは $O(\lg \lg u)$ 時間であり, $select_1$ を用いて 2 分探索するよりも高速である.

仮に $B[i] = 1$ とする. この位置 $i$ をデータ構造 GV で表すとき, 上位桁は $q = i/2^{w-z}$ である. これを $H$ で表したとき, $q$ 番目の 0 の位置の直後の 1 が $B[i]$ に対応するビットである. また, $B[i]$ の他にも位置の上位桁が $q$ になるものが存在し得る. その場合, $H$ の中で $q$ 番目の 0 の位置の直後の 1 の連続する範囲が $B[i]$ に対応するビットの候補である. その中で下位桁が $i$ と一致するものを $L[r]$ とすると, $rank_1(B, i) = r$ となる. $B[i] = 0$ の場合も同様に, まず上位桁を探す. $H$ の $q$ 番目の 0 の位置 $p$ の直後が 0 の場合, 上位桁が $i$ と一致する $B[j] = 1$ はないことが分かる. この場合, $rank_1(B, i) = p - q$ となる. $p$ の直後が 1 の場合, 連続する 1 に対応する $L$ の範囲で $i$ の下位桁以下の値を探す. 探索する範囲は $H$ の中で $q$ 番目の 0 の直後から $q+1$ 番目の 0 の直前までである. この範囲では下位桁は狭義単調増加であるため, 最大でも $2^{w-z}$ 個しかない. よって 2 分探索によって $O(\lg 2^{w-z}) = O\left(\lg \frac{u}{n}\right)$ 時間で求まる.

第 2.7.4 項で述べたように，Elias-Fano 符号は非負整数列の接頭和を表しているとみなせる．データ構造 GV を用いれば，接頭和を定数時間で求めることができる．

## 3.4.2 ランダムアクセス可能なガンマ符号

自然数の列 $x_1, x_2, \ldots, x_n$ がガンマ符号で符号化されているとする．これをランダムアクセス可能にする，つまり，$x_i$ を定数時間で得ることを考える．そのために，ガンマ符号の上位部と下位部を分けて格納する．

$x_i$ をガンマ符号で表したときの符号の上位部を $H_i$，下位部を $L_i$ とする．つまり，$\ell_i = \lfloor \lg x_i \rfloor$ とすると $H_i = 0^{\ell_i}1$, $L_i$ は $Binary(x_i)$ の先頭のビットを消したものである．なお，$x_i = 1$ のときには $L_i$ は存在しない．そして，ビットベクトル $H[1..m+n]$ を $H_1, H_2, \ldots, H_n$ を連結したもの，ビットベクトル $L[1..m]$ を $L_1, L_2, \ldots, L_n$ を連結したものとする．ガンマ符号は常に上位部が下位部より 1 ビット長い．よって $H$ は $L$ よりも $n$ ビット長くなる．

$x_i$ は次のように復号できる．$s = select_1(H, i-1)$, $t = select_1(H, i)$ とすると，$x_i$ の上位部の長さは $t-s$ である．また，$x_i$ の下位部は $L[s-i+2..t-i]$ である．よって，$H$ に対する $select_1$ を追加することで，$x_i$ は定数時間で求まる．

## 3.4.3 ランダムアクセス可能なデルタ符号

ガンマ符号と同様に，デルタ符号もランダムアクセス可能にできる．ただし，符号長は少し長くなる．自然数の列 $x_1, x_2, \ldots, x_n$ がガンマ符号で符号化されているとみなし，第 3.4.2 項の方法でビットベクトル $H[1..m+n]$ と $L[1..m]$ を作る．そして，$H$ をデータ構造 GV で表す．$w = \lceil \lg(m+n) \rceil$ とすると，$H$ は $n(2+w-\lfloor \lg n \rfloor) + O(n \lg \lg n / \lg n) \leq n\left(4 + \lg \frac{m+n}{n}\right) + O(n \lg \lg n / \lg n)$ ビットで表せ，$select_1$ は定数時間で求まる．

$x_i$ をデルタ符号で表したときの上位部は $2\lfloor \lg(\lfloor \lg x_i \rfloor + 1) \rfloor + 1$ ビットである．これを合計すると

$$\sum_{i=1}^{n}(2\lfloor \lg(\lfloor \lg x_i \rfloor + 1) \rfloor + 1) \leq 2n \lg\left(\sum_{i=1}^{n} \frac{\lfloor \lg x_i \rfloor + 1}{n}\right) + n$$

$$= 2n \lg\left(\frac{m+n}{n}\right) + n$$

となる．よって，サイズは少し大きくなることもあるが，$x_i$ は定数時間で求まる．

### 3.4.4 疎なベクトルでの定数時間 $rank$ 索引

本項では，疎なベクトルで $rank$ を定数時間で計算でき，かつ索引サイズが $u$ に大きく依存しないデータ構造を紹介する．

1つ目は，$u = n \cdot \text{polylog}(n)$ のときに使える索引である．

**定理 3.6 (データ構造 PAGH [89])**　長さ $u$ のビットベクトル $B$ 内の 1 の数が $n$ であるとする．$u = n \cdot \text{polylog}(n)$ のとき，$rank_1$, $pred_1$, $select_1$ は $\mathcal{B}(n,u) + \mathrm{O}(n(\lg \lg n)^2 / \lg n)$ ビットのデータ構造を用いて語長 $\Omega(\lg u)$ の word-RAM で定数時間で計算できる．

$d = \lfloor \sqrt{\lg n} \rfloor$ とし，$u = nd^{2c}$ とする．$u$ が $d^{2c}$ の倍数ではないときには倍数に切り上げて考える．この場合に余計に必要な領域は $\mathrm{O}(d^{2c})$ ビットなので無視できる．基本的な考えは，$B$ を小ブロックに分割し，その後連続する小ブロックを1つの区間にまとめ，各区間を符号化するというものである．以下に詳細を述べる．

小ブロックとは，1 を高々 $\ell = \frac{\lg n}{2c \lg \lg n}$ 個含むビット列とする．まず $B$ を長さ $d^{2c}$ の $n$ 個のブロックに分割する．各ブロック内の 1 の数を調べ，$\ell$ 個以内なら小ブロックである．そうでなければさらに長さ $d^{2c-1}$ のブロックに分割する．$B$ 中の 1 の数は $n$ 個なので，小ではないブロックは高々 $\frac{n}{\ell} = \frac{2cn \lg \lg n}{\lg n}$ 個である．それらの長さの合計は $\frac{2cnd^{2c} \lg \lg n}{\lg n} < nd^{2c-1}$ である（$2c \lg \lg n < \sqrt{\lg n}$ となる十分大きな $n$ を仮定）．よって，小ではないブロックは高々 $n$ 個の長さ $d^{2c-1}$ のブロックに分割される．なお，各ブロックの長さは $d$ のべき乗なので，長さ $d^{2c-1}$ のブロックが分割前の2つのブロックにまたがることはない．同様に，小ではないブロックを $d$ 個に分割することを繰り返すと，最終的には長さの合計が $nd$，各ブロックの長さが $d$ になる．$d = \lfloor \sqrt{\lg n} \rfloor < \ell$ なので，全ブロックが小ブロックとなる．小ブロックの総数は $2cn$ 個以下である．

次に，$B$ の中で連続する小ブロックを1つにまとめ，区間を作る．小ブロックを先頭から見ていき，1 の数が $\ell$ 以下，かつ，長さが $d^{2c+2}$ 以下である間，

小ブロックを連結して，1つの区間とする．こうすると，隣り合う2つの区間の両方が1の数が$\ell/2$以下で長さが$d^{2c+2}/2$以下となることはない．よって次の補題が成り立つ．

**補題 3.2** 区間の個数は $\frac{8cn \lg \lg n}{\lg n} + \frac{2n}{d^2}$ 個以下である．

**証明:** $B$ の長さが $nd^{2c}$ なので，長さが $d^{2c+2}/2$ を超える区間は $\frac{2n}{d^2}$ 個以下である．長さが $d^{2c+2}/2$ 以下の区間は，連続する2つの区間のうち少なくとも1つは1の数が $\ell/2$ 以上である．よって区間の数は $\frac{4n}{\ell} = \frac{8cn \lg \lg n}{\lg n}$ 個以下である． □

各区間は，$\mathcal{B}(\ell, (\lg n)^{c+1}) \le \ell \lg \frac{e(\lg n)^{c+1}}{\ell}$ ビットで表現できる．これは $n$ が十分大きければ $\lg n$ より小さい．よって，区間内の1の位置は表引きにより定数時間で求まる．ただし，これは可変長符号であるため，$i$ 番目の区間を復元するにはその符号へのポインタを格納する必要がある．これはデータ構造 TY を用いる．メモリ中で $i$ 番目の区間に対する符号が格納されている位置を $z_i$ とすると，$z_i - z_{i-1} = O(\lg n)$ であり，$z_i \le \mathcal{B}(n, u) + O(n \lg \lg n / \lg n) = O(n \lg \lg n)$ であるため，データ構造のサイズは $O(n(\lg \lg n)^2 / \lg n)$ ビットである．また，区間の符号から1のビット位置をもとめるには区間内の1の数の情報が必要である．それだけでなく，ある区間内のビットの $rank$ を求めるには，その区間より左にある区間内の1の数の累積和が必要である．これもデータ構造 TY で表せる．1つの区間内の1の数は $\ell$ 以下で，全体でも $n$ 個なので，データ構造は $O(n(\lg \lg n)^2 / \lg n)$ ビットで表せる．

$rank(B, i)$ の問い合わせを処理する際，まず $B[i]$ を含むブロック番号を求める（後述）．これは1から $2cn$ までの整数値である．これから，$B[i]$ を含む区間の番号を求める．そのために，区間内のブロック数の累積和をデータ構造 FID で表す．長さ $2cn$ のビットベクトルで，区間の境界にあるブロックに対応するビットを1にしたものを用いる．補題3.2より1の数は $O(n \lg \lg n / \lg n)$ であるため，データ構造のサイズはやはり $O(n(\lg \lg n)^2 / \lg n)$ ビットである．

最後に，$B[i]$ を含むブロック番号を求めることを考える．最初に $B$ を $n$ 個のブロックに分割したが，各ブロックが小かどうかを 0,1 で表す．これをビットベクトル $B_1$ で表す．$B_1[j] = 1$ ならば $j$ 番目のブロックは小でないことを

表す．小でないブロック数は高々 $\frac{n}{\ell} = \frac{2cn\lg\lg n}{\lg n}$ 個であるため，$B_1$ を FID で表せば $O(n(\lg\lg n)^2/\lg n)$ ビットになり，$rank$ は定数時間で求まる．次に，$B_1$ で小ではないブロックのみを集めて連結し，それを高々 $n$ 個のブロックに分割し，各ブロックが小かどうかをビットベクトル $B_2$ で表す．これも FID で同じサイズに圧縮できる．同様に，$B_1$ から $B_{2c}$ まで作成する．全部のサイズの合計は $O(nc(\lg\lg n)^2/\lg n)$ ビットである．これらを用いて $B[i]$ を含むブロック番号を求める．擬似コードをアルゴリズム 3.1 に示す．また，データ構造の例を図 3.5 に示す．この例では，矢印で指されている位置の $B[i]$ の小ブロック番号 13 を求めている．まず，$B_1$ において $B[i]$ は左から 5 番目のブロックに含まれる．ここより左には 2 つの小ブロック 1, 11 がある．よって $B[i]$ は 3 番目の非小ブロックである．これらは $B_2$ では $d = 2$ 個に細分され，$B[i]$ は左から 6 番目のブロックに含まれる (5 番目か 6 番目かは $i$ の値に依存する)．ここより左には 2 つの小ブロック 5, 12 がある．$B_3$ では $B[i]$ は左から 7 番目のブロックに含まれる．これは小ブロックであり，左には 4 つの小ブロック 2, 6, 7, 10 がある．ここで，$B[i]$ より左の 2 つの非小ブロックに対し，それらの下にある小ブロックの総数を求める必要がある．そのために，$B[i]$ より左の非小ブロックの中で最も右にあるものに移動し，探索を続ける．$B_4$ では左から 4 番目のブロックを訪れる．左には 4 つの小ブロック 3, 4, 8, 9 がある．ここは最終レベルであるため，全て小ブロックである．

図 3.6 は，ビットベクトル $B_h$ ($h = 1, 2, \ldots, 2c$) で表された小ブロックを，木構造で表したものである．根ノードから葉の方向に探索していき，各レベルで訪れたノードより左にある葉の数を数える．葉に到着したら，それより左にある内部ノードに移動し，探索を続ける．しかし別の計算法もある．葉に到着したときに，その葉の $leaf\_rank$ を求めればそれが答えである (第 6 章参照).

$pred(B, i)$ を求める場合，まず $B[i]$ を含む区間の番号を求め，それに対応する符号を復号する．答えがその中にあれば終わりである．ない場合，それより左の区間で 1 を含むものを求める必要がある．区間の数は $O(n\lg\lg n/\lg n)$ であり，それと同じ長さのビットベクトルを作り，1 を含む区間に対して対応するビットを 1 にする．そして，そのビットベクトルを FID (または BV) で表せば，1 を含む直前の区間は $pred$ で求まる．

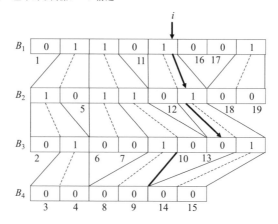

図 3.5 ブロック番号を求めるためのデータ構造. $c = 2, d = 2, n = 8$. ビットベクトル内の 0 の下の数字が小ブロックの番号を表す.

---

**アルゴリズム 3.1** $block(B, i)$: $B[i]$ を含むブロックの番号を返す.

1: $x \leftarrow 0$ ▷ これまでに見つかった 0 の数
2: **for** $h \leftarrow 1, 2c - 1$ **do**
3:     $q \leftarrow \lceil i/d^{2c-h+1} \rceil$ ▷ $B_h$ でのブロック番号
4:     $r \leftarrow i - (q-1) \cdot d^{2c-h+1}$ ▷ ブロック内での $i$ の位置
5:     $x_h \leftarrow rank_0(B_h, q)$ ▷ $B_h$ で先頭から $i$ を含むブロックまでの小ブロックの数
6:     $x \leftarrow x + x_h$
7:     **if** $B_h[q] = 1$ **then** ▷ 小ブロックではない
8:        $i \leftarrow (q - x_h - 1)d^{2c-h+1} + r$ ▷ 小ブロックを除いた位置
9:     **else**
10:        $i \leftarrow (q - x_h)d^{2c-h+1}$ ▷ $B_h$ で $i$ を含むブロックの直前の 1 のブロックの末尾の位置
11:     **end if**
12: **end for**
13: $q \leftarrow \lceil i/d \rceil$ ▷ $B_{2c}$ でのブロック番号
14: $x \leftarrow x + q$ ▷ $B_{2c}$ は全て 0
15: **return** $x$

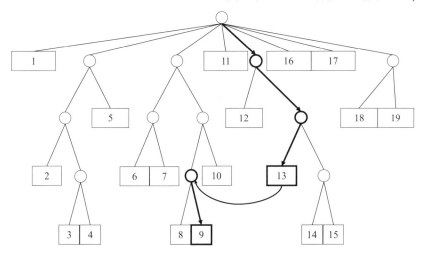

図 3.6 図 3.5 の情報を表す順序木.

$select(B, i)$ を求めるには，データ構造 BV と同様のデータ構造を用いる．$B$ を 1 を丁度 $\lg^2 n$ 個含むブロックに分割し，その境界の位置を配列に格納する．これは $n/\lg n$ ビットである．各ブロックに対し，その長さが $(\lg n)^{c+4}$ を超えるなら，その中の 1 の位置をそのまま格納する．そのような全ブロックに対して必要な領域は $O(\lg^2 n \cdot \lg n \cdot u/(\lg n)^{c+4}) = O(n/\lg n)$ ビットである．長さが $(\lg n)^{c+4}$ 以下の各ブロックに対しては，それに含まれる全区間を葉に持つ木を構築する．木の葉には区間内の 1 の数を格納する．木の内部ノードには，その部分木内の区間内の 1 の数を格納する．区間の長さは $(\lg n)^{c+4}$ 以下なので，1 の数は $O(\lg \lg n)$ ビットで表現できる．内部ノードは $\sqrt{\lg n}$ 個の子を持つようにすれば，木の高さは定数 ($O(c)$) で，$i$ 番目の 1 の位置も定数時間で求まる．この木構造に必要なメモリは葉 1 つにつき $O(\lg \lg n)$ ビットであるため，全体で $O(n(\lg \lg n)^2/\lg n)$ ビットとなる．

なお，$select$ の索引があれば $pred$ の索引は不要だが，前者の方が複雑で実行速度も遅いため，$pred$ のみが必要な場合は後者を用いる方が良い．

## 3.4.5 非常に疎なベクトルでの rank 索引

データ構造 PAGH のサイズは $\mathcal{B}(n,u) + \mathrm{O}(n(\lg\lg n)^2/\lg n)$ ビットであり，サイズの下界に近いが，$u = n \cdot \mathrm{polylog}(n)$ という条件付きである．これよりも疎なベクトルにおいて rank を定数時間で求めることを考えるが，第 3.5 節で述べるように rank を定数時間で求められる索引のサイズには下限が存在する．そこでここでは次の関数を計算することを考える．

- $partial\_rank_1(B, i)$: $B[i] = 1$ のとき，$B[1..i]$ の中の 1 の数を返す．$B[i] = 0$ のとき，$-1$ を返す．
- $select_1(B, j)$: $B$ の先頭から $j$ 番目の 1 の位置を返す

つまり，先行値 (predecessor) は計算できない．なお，access は partial_rank から計算できる ($access(B,i) = 1 \iff partial\_rank(B,i) \neq -1$)．

このような関数に限定すると，効率的なデータ構造が存在する．

**定理 3.7 (データ構造 ID [93])** 長さ $u$ のビットベクトル $B$ 内の 1 の数が $n$ とする．$partial\_rank_1(B,i)$, $select_1(B,j)$ は $\mathcal{B}(n,u) + \mathrm{o}(n) + \mathrm{O}(\lg\lg u)$ ビットのデータ構造を用いて語長 $\Omega(\lg u)$ の word-RAM で定数時間で計算できる．

このデータ構造は**索引付き辞書** (indexable dictionary) と呼ばれる．

## 3.5 下限

rank/select のデータ構造のサイズの下限もいくつか知られている．ビットベクトル $B$ の長さを $u$，1 の数を $n$ としたとき，RAM モデルでは $n^{\mathrm{O}(1)}$ 語のデータ構造では rank を定数時間で求めることはできないことが示されている [5]．また，$B$ を非圧縮でそのまま格納するとき，rank を定数時間で求めるための補助データ構造のサイズは $\Omega(u \lg \lg u / \lg u)$ ビット [74]，select を定数時間で求めるための補助データ構造のサイズも $\Omega(u \lg \lg u / \lg u)$ ビットであることが示されている [49]．データ構造 BV および FID の補助データ構造のサイズは rank, select ともに $\mathrm{O}(u \lg \lg u / \lg u)$ ビットであるため，これらは下限

と一致している．

$B$ の符号化を変えた場合，$rank/select$ を求めるための索引のサイズを小さくすることができる．Golynski ら [50] は，$rank/select$ を定数時間で計算できる $\mathcal{B}(n,u)+\mathrm{O}(u \lg \lg \lg u/\lg^2 u)$ ビットのデータ構造を提案している．つまり，$B$ を表す符号の中に $rank$ などの情報をうまく符号化することで，全体のサイズを小さくしている．Pătraşcu [91] は，データ構造のサイズを $\mathcal{B}(n,u)+\mathrm{O}(u/\lg^c u)$ ビット（$c$ は任意の正定数）にしている．また，これに一致する下界も示されている [92]．

## 3.6 実装上の工夫

ビットベクトルの $rank/select$ はほとんどの簡潔データ構造で用いられており，その効率的な実装は非常に重要である．実装に関する多くの研究 [51, 88, 85, 47, 90] があるが，ここでは主に CPU の特殊命令を使ったものを説明する．

簡潔データ構造を実装する際に重要なのは，計算機の語長 (word length) を考慮するということである．word-RAM モデルの定義では，メモリは 1 ビットごとに分かれているとしているが，実際にはバイト（8 ビット）単位，またはワード（32 ビットや 64 ビット，以下 $w$ ビットとする）単位になっている．そして，1 ワードの読みこみの時間と，複数ワードにまたがる長さ $w$ のビット列の読み込みはどちらも定数時間ではあるが後者の方が何倍も時間がかかる．よって，なるべくワード単位のアクセスをすることが重要である．しかし，$\lg \lg n < w$ ビットの値を 1 ワードに格納してしまうと，索引のサイズが大きくなり，簡潔ではなくなってしまう．

ビットベクトルでの $rank$ の索引を考えると，大ブロックの長さが $\ell = \lg^2 n$ で，小ブロックの長さが $s = \frac{1}{2}\lg n$ となっている．$n = 2^{32}$ 程度だとすると，$\ell = 1024, s = 16$ となる．すると，配列 $R_S$ の各値は 10 ビットで表現できる．これは 1 バイトには収まらず，2 バイトを使って表すと少し無駄がある．よって，大ブロックの長さは $n$ に依存する値ではなく，$2^{16}$ または $2^{15}$ にする方が領域効率が良い．

また，簡潔データ構造では表引きを多用するが，実際の計算機ではキャッ

シュのサイズが小さいため,大きな表を使うと実行速度が下がる.よって,表引きではなく,ビット演算などで答えが計算できるならばそうすべきである.また,後述するCPU専用命令を使うことも効果的である.

小ブロックの長さは表引きで答えを求めるために1ワードよりも小さくしているが,表引きを用いなくても計算できる場合には,小ブロックの長さを長くできる.すると,索引（rank の場合なら配列 $R_S$）のサイズも小さくできる.小ブロックの長さを決定する際には CPU のキャッシュのラインサイズも考慮すべきである.ラインサイズとは,一度にキャッシュに読み込まれるメモリのビット数である.現在の CPU ではラインサイズは 512 ビット程度であることが多い.つまり,メモリを 1 ビット読むのも 512 ビット読むのも時間はあまり変わらない.よって $s = \frac{1}{2}\lg n = 16$ ではなく $s = 256$ 程度にしてもよい.こうすることで実行速度をあまり落とさずに索引サイズを小さくできる.

## 3.6.1 rank の高速化

rank を高速に求めるには,計算機の 1 ワードに対する rank を高速化する必要がある.1 ワードは $w$ ビットとする.$w$ は通常は 32 または 64 である.長さ $w$ のビットベクトルを,1 つの変数 $x$ で表すとする.$x$ の 1 ビット目から $i$ ビット目までの 1 の数を $rank_1(x, i)$ $(1 \le i \le w)$ で表すとし,これを求めることを考える.なお,$x$ の 1 ビット目とは,$x$ の 2 進表記での最下位ビットとする.

まず分かることは,$i$ ビット目までの 1 の数を求めるという操作は不要だということである.$z \leftarrow x2^{w-i}$ とする.つまり $x$ を左に $w-i$ ビットシフトする.シフトした結果,$w$ ビットより多い桁については桁あふれで 0 になるとする.すると,$rank_1(x, i) = rank_1(z, w)$ が成り立つ.シフトは高速に実行できるため,あとは 1 ワード中の 1 の数が計算できればよい.

rank の値を表を用いて計算する場合,表のエントリ数は $2^w$ となる.これは $w = 32$ だとしても非常に多くのメモリが必要になるため現実的ではない.よって,$w$ ビットを $b$ ビットずつに分割し,それぞれの中の 1 の数を表で求め,それらの和を求めればよい.$b = 16$ または $b = 8$ とする場合が多いが,CPU のキャッシュの効率を考えると $b$ はあまり大きくない方が良い.

rank の高速化で有用なのは，CPU の専用命令を使うことである．Intel の最近の CPU では，POPCOUNT (population count) という命令があり，これは 1 ワード中の 1 の数を数えるという，rank そのものの命令である．これを用いることで，64 ビット中の 1 の数を 1 命令で求めることができ，rank の計算が高速化される．

### 3.6.2 *select* の高速化

rank とは異なり，$select_1(x,i)$ を表を用いて求める場合に $i$ を消すことはできない．よって，表のエントリ数は $b2^b$ となる．この表は，$b$ ビットの全ての 0,1 パタンに対し，左から $i$ ビット目の 1 の位置を格納するものである．$b$ ビット中の 1 の数が $i$ 未満の場合には，そのことを表す値を格納する．この表を最大 $w/b$ 回引くことで，答えが求まる．なお，予め POPCOUNT 命令を用いて 1 ワード中の 1 の数を求めておくと，その数が $i$ 未満のときはそのワード中には答えがないことが分かるため，表を複数回用いるよりも高速である．

$select_1(x,i)$ も，CPU の特殊命令を使うことで高速化できる．Intel の CPU には PDEP (parallel bits deposit) という命令がある．$PDEP(z,x)$ は，$z$ の中の各ビットを，$x$ の中で 1 のあるビットの位置に分配する命令である．$z$ として，下から $i$ ビット目だけが 1 になっている値を使うと，$PDEP(z,x)$ の演算結果は，$x$ の中で下から $i$ 番目の 1 のところだけビットが 1 になっている値になる．この値に対し，最下位ビットから 0 の続く数を求める TZCNT (trailing zero count) を用いれば，$select_1(x,i)$ が求まる．gcc でコンパイルできる C 言語のソースコードを図 3.7 に示す．

## 3.7 文献ノート

ビットベクトルでの定数時間 rank は Jacobson [64]，定数時間 select は Clark [22] によって示された．しかし Clark の select 索引は複雑で，低次項も大きい．よって本書では後に提案された Raman, Raman, Satti [93] による索引を用いる（データ構造 BV）．また，これらで使われているデータ構造 TY は，Tarjan, Yao [104] による．

```
#include <stdio.h>
#include <x86intrin.h>

typedef unsigned long long word;
#define W (sizeof(word)*8)

int rank1(word x, int i)
{
  word z = x << (W-i);
  return _popcnt64(z);
}

int select1(word x, int i)
{
  word z = 1LL << (i-1);
  word y = _pdep_u64(z, x);
  return _tzcnt_u64(y);
}

int main(void)
{
  word x = 0xa0a0a0a0a0a0a0a0;
  int i;

  for (i=1; i<=W; i++) {
    printf("%d %d\n", i, rank1(x, i));
  }

  for (i=1; i<=W; i++) {
    printf("%d %d\n", i, select1(x, i));
  }

}
```

図 3.7　Intel CPU の命令を用いた $rank/select$.

**表 3.1** ビットベクトルでの $rank/select$ の時間. ビットベクトルの長さを $u$, 1 の数を $n$ とする. **PAGH** は $u = n \cdot \mathrm{polylog}(n)$ のときのみ使える.

| データ構造 | サイズ (bits) | $rank$ | $select_1$ | 文献 |
|---|---|---|---|---|
| BV | $u + \mathrm{O}(u \lg \lg u / \lg u)$ | $\mathrm{O}(1)$ | $\mathrm{O}(1)$ | [93] |
| FID | $\mathcal{B}(n, u) + \mathrm{O}(u \lg \lg u / \lg u)$ | $\mathrm{O}(1)$ | $\mathrm{O}(1)$ | [93] |
| GV | $n\left(2 + \left\lceil \lg \dfrac{u}{n} \right\rceil\right) + \mathrm{O}(n \lg \lg n / \lg n)$ | $\mathrm{O}\left(\lg \dfrac{u}{n}\right)$ | $\mathrm{O}(1)$ | [54] |
| PAGH | $\mathcal{B}(n, u) + \mathrm{O}(n(\lg \lg n)^2 / \lg n)$ | $\mathrm{O}(1)$ | $\mathrm{O}(1)$ | [89] |

第 3.4.4 項のデータ構造 PAGH は, Pagh[*4] [89] による. なお,説明を簡単にするために,内部で FID を用いているが, FID の方が後に提案されたものである. また, 元論文では $rank$ と $pred$ のみが可能であるが, それに $select$ の索引を追加してある. 第 3.3 節のデータ構造 FID と, 第 3.4.5 項のデータ構造 ID は, Raman, Raman, Satti [93] による.

第 3.6 節の Intel CPU の命令を用いた $select$ は, Pandey ら [90] による.

本章で説明したビットベクトルのデータ構造を表 3.1 にまとめる. なお, 動的なビットベクトルのデータ構造は第 6.6 節で説明する.

---

[*4] パックと発音する.

# 第4章

# ウェーブレット木

本章では，**ウェーブレット木** (wavelet tree) を説明する．このデータ構造の原型は Chazelle [21] によって提案された直交領域探索のデータ構造である．その後，Grossi, Gupta, Vitter [52] により圧縮接尾辞配列を表現するために提案された．これは元々は文字列での $rank_c/select_c$ を計算するために提案されたものであるが，非常に多くの応用を持つデータ構造である．

## 4.1 文字列での $rank/select$

$rank/select$ データ構造は 2 値以外のベクトル（文字列）に拡張できる．アルファベット $\mathcal{A} = \{1, 2, \ldots, \sigma\}$ 上の長さ $n$ の文字列 $T[1..n]$ とは，$T[i] \in \mathcal{A}$ ($1 \leq i \leq n$) であるものとする．アルファベットサイズは $\sigma = |\mathcal{A}|$ である．$\sigma$ は 2 のべき乗と仮定する．

この文字列は自明な表現では $n \lg \sigma$ ビットとなる．つまり，各 $T[i]$ に対して $\lg \sigma$ ビットを用いる表現である．また，サイズの情報理論的下限も $n \lg \sigma$ ビットである．この文字列に対して，以下の操作が可能なデータ構造を考える．

- $access(T, i)$: $T[i]$ を返す．
- $rank_c(T, i)$: $T[1..i]$ の中の $c$ の数を返す．
- $select_c(T, j)$: $T$ 中で左から $j$ 番目の $c$ の位置を返す．

なお，$rank$ や $select$ を高速に計算するためには，$T$ は自明な表現ではなく別の表現の方が良い場合もあるため，$access(T, i)$ も定義する必要がある．

文字列 $T[1..n]$ を表すウェーブレット木 $WT(T)$ は高さ $h = \lg \sigma$ の完全 2

分木である．木の各ノードにはビットベクトルを格納する．ノード $v$ のビットベクトルを $B_v$ で表す．文字 $c \in \mathcal{A}$ を表す符号 $C(c)$ は $h$ ビットの 0,1 列である．文字 $T[i]$ $(1 \leq i \leq n)$ を表す符号の各ビットはウェーブレット木のノードに分散して格納される．符号の $i$ ビット目 $(1 \leq i \leq h)$ は木の深さ $i$ のノードに格納される（根の深さを 1 とする）．具体的には，次のように格納する（図 4.1 参照）．

ウェーブレット木の根ノード $N_\varepsilon$ に格納するビットベクトル $B_\varepsilon$ は長さが $n$ であり，$B_\varepsilon[i] = C(T[i])[1]$（$T[i]$ の符号の文字列の最上位ビット）と定める．そして，$T$ を 2 つの文字列 $T_0$ と $T_1$ に分割する．$T_0$ $(T_1)$ は符号の最上位ビットが 0 (1) の文字を $T$ での出現順に並べたものである．そして，それぞれに対応するウェーブレット木のノード $N_0$ と $N_1$ を作り，根ノード $N_\varepsilon$ の左の子と右の子とする．ノード $N_0$ には，文字列 $T_0$ の各文字の符号の上から 2 ビット目を順に並べたビットベクトル $B_0$ を格納する．そして，$T_0$ の文字を上から 2 ビット目に従って $T_{00}$ と $T_{01}$ に分割する．各ノードで同様のことを行うが，深さが $h$ のノードではビットベクトルは格納するがそれをさらに分割することはしない．これにより高さ $h = \lg \sigma$ の完全 2 分木ができる．なお，あるノードに対応する文字列が存在しない場合もあるが，その場合も長さ 0 のビットベクトルが格納されているとみなしてノードを作る．

図 4.1 は文字列 $T = \text{abcafcgbagcb\$}$ に対するウェーブレット木を表す．左の木はアルファベットを表す木であり，右の木が $T$ に対するウェーブレット木である．各ノード $v$ には対応する文字列 $N_v$ とビットベクトル $B_v$ が書かれているが，実際に格納するのは $B_v$ だけである．根の左の子ノード $N_0$ には，文字の符号の最上位ビットが 0 である文字 \$, a, b, c が対応する．一般に，ノード $N_s$（$s$ は長さ $h-1$ 以下の 0,1 文字列）に対応する文字列 $T_s$ には，文字の符号の接頭辞が $s$ と一致する文字が，元の文字列での順番で並んでいる．また，$B_s$ はそれらの文字の符号の上から $|s|+1$ ビット目を並べたものである．

図の中の矢印は，ある 1 つの文字を表す符号がどのように格納されているかを表す．$T[1] = \text{a}$ の符号は 001 であるが，これの先頭のビット 0 は根ノードの $B_\varepsilon[1]$ で表される．2 ビット目の 0 はノード $N_0$ の $B_0[1]$ で表される．3 ビット目の 1 はノード $N_{00}$ の $B_{00}[1]$ で表される．次に，$T[6] = \text{c}$ の符号 011

4.1 文字列での $rank/select$ —— 51

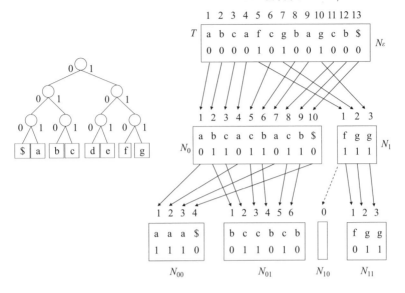

**図 4.1** $T = \mathrm{abcafcgbagcb\$}$ のウェーブレット木（右）．木のノードはアルファベットを表す符号木（左）のノードと対応する．

がどのように表されているか考える．先頭のビット 0 は根ノードの $B_\varepsilon[6]$ で表される．このビットは $B_\varepsilon$ の中で左から 5 番目の 0 であるため，$T[6]$ は根ノードの左の子の文字列 $T_0$ では 5 番目の文字になっている．よって $T[6]$ の 2 ビット目の 1 は $B_0[5]$ で表される．このビットは $B_0$ で左から 3 番目の 1 であるため，対応する文字は $N_0$ の右の子の文字列 $T_{01}$ では 3 番目の文字になっている．よって $T[6]$ の 3 ビット目の 1 は $B_{01}[3]$ で表される．

$access(T, i)$ を計算する擬似コードをアルゴリズム 4.1 に示す．ウエーブレット木での矢印は，ビットベクトルでの $rank$ の計算で求まるため，格納する必要はない．

$access(T, i)$ と同様に，$rank_c(T, i)$ も計算できる．擬似コードをアルゴリズム 4.2 に示す．$access(T, i)$ のアルゴリズムと似ているが，違いは探索するノードが $c$ によって決まることと，最後に返す値が文字の位置（個数）であることである．なお，アルゴリズム中で $rank$ を計算したときに値が 0 になった場合，それは文字 $c$ が存在しないことを意味するが，その場合は **for** 文を抜けて 0 を

## アルゴリズム 4.1 $access(T, i)$: $T[i]$ を返す.

1: $s \leftarrow \varepsilon$
2: **for** $d \leftarrow 1, h-1$ **do**
3:     $b \leftarrow B_s[i]$
4:     $i \leftarrow rank_b(B_s, i)$
5:     $s \leftarrow s \cdot b$                           ▷ 文字列 $s$ の末尾にビット $b$ を追加する
6: **end for**
7: $b \leftarrow B_s[i]$
8: $s \leftarrow s \cdot b$
9: **return** $s$

## アルゴリズム 4.2 $rank_c(T, i)$: $T[1..i]$ の中の文字 $c$ の数を返す.

1: $t \leftarrow C(c)$                                         ▷ 文字 $c$ の符号のビット列
2: **for** $d \leftarrow 1, h$ **do**
3:     $b \leftarrow t[d]$                                ▷ $c$ の符号の上から $d$ ビット目
4:     $i \leftarrow rank_b(B_{t[1..d-1]}, i)$
5: **end for**
6: **return** $i$

返してもよい.この擬似コードでは値が 0 になっても計算を続けるが,$rank$ の定義より $rank_c(B_s, 0) = 0$ であるため,正しい値を返す.

$select_c(T, i)$ を計算するには,$rank$ とは逆にウェーブレット木を葉から根の方向にたどっていく.$t \leftarrow C(c)$ とすると,$c$ に対応する葉は $N_{t[1..h-1]}$ であり,そこに格納されているビットベクトル $B_{t[1..h-1]}$ で $i$ 番目の $t[h]$ が求めるものに対応している.そこから $rank$ と逆の操作をして根まで到達したとき,その位置が答えである.擬似コードをアルゴリズム 4.3 に示す.このアルゴリズムでも,$select_b(B_s, i)$ に対応するビットがビットベクトル内に存在しないことがあるが,そのときは定義より $select_b(B_s, i) = |B_s| + 1$ であり,最終的には $select_c(T, i) = |T| + 1$ となり,$i$ 番目の $c$ は $T$ には存在しないことが分かる.

ウェーブレット木の計算量を解析する.まず,$access$, $rank$, $select$ の時間計算量は明らかに $O(\lg \sigma)$ である.領域計算量であるが,ウェーブレット木を表現するには,各ノード $s$ のビットベクトル $B_s$ と,そこで $rank$ と $select$ を計算するための索引が必要である.木のある深さにあるビットベクトルの長さを

4.1 文字列での $rank/select$ —— 53

**アルゴリズム 4.3** $select_c(T, i)$: $T$ の中で左から $i$ 番目の文字 $c$ の位置を返す.

1: $t \leftarrow C(c)$　　　　　　　　　　　　　　▷ 文字 $c$ の符号のビット列
2: **for** $d \leftarrow h, 1$ **do**
3: 　　$b \leftarrow t[d]$　　　　　　　　　　　　▷ $c$ の符号の上から $d$ ビット目
4: 　　$i \leftarrow select_b(B_{t[1..d-1]}, i)$
5: **end for**
6: **return** $i$

合計すると常に $n$ になる．木の深さは $\lg \sigma$ であるため，ベクトルの長さの合計は $n \lg \sigma$ である．$rank/select$ のための索引の大きさは $\lg \sigma \cdot \mathrm{O}(n \lg \lg n / \lg n)$ ビットである．よって全体のサイズは $(n + \mathrm{o}(n)) \lg \sigma$ ビットである．なお，この他に各ビットベクトルやその索引へのポインタを格納する必要がある．ウェーブレット木にはノードが $\sigma - 1$ 個あり，ポインタは $\mathrm{O}(\lg n)$ ビットで表現できるため，ポインタに必要な領域は $\mathrm{O}(\sigma \lg n)$ ビットである．

以上より，次の定理を得る．

**定理 4.1 (データ構造 WT-B [52])**　　長さ $n$，アルファベットサイズ $\sigma$ の文字列に対し，$(n + \mathrm{o}(n)) \lg \sigma + \mathrm{O}(\sigma \lg n)$ ビットのデータ構造が存在し，$access/rank/select$ は $\mathrm{O}(\lg \sigma)$ 時間で求まる．

各ベクトルを FID で表現すると，サイズをさらに小さくできる．ウェーブレット木の根ノードに格納するベクトルは，長さが $n$ であり，0 と 1 の数をそれぞれ $n_0, n_1$ とすると，$n_0$ ($n_1$) は文字の 2 進表現で最上位ビットが 0 (1) である文字の数となる．このときの FID のサイズは $\mathcal{B}(n_0, n) + \mathrm{O}(n \lg \lg n / \lg n)$ ビットとなる．深さ 1 のノードは 2 つあるが，左のノードで格納するベクトルは長さが $n_0$ で，0 と 1 の数 $n_{00}, n_{01}$ は $T$ 中の文字で最上位ビットが 0 で次のビットが 0 のものの数と 1 のものの数である．右のノードでも同様に定義すると，深さ 1 のノードに格納されるベクトルを FID で表現したときのサイズは $\mathcal{B}(n_{00}, n_0) + \mathcal{B}(n_{10}, n_1) + \mathrm{O}(n \lg \lg n / \lg n)$ ビットとなる．同様に深さ $\lg \sigma$ まで繰り返し，全てのノードでのベクトルを FID で表現したときのサイズは

$$\lg \binom{n}{n_1, n_2, \ldots, n_\sigma} + \mathrm{O}(n \lg \sigma \lg \lg n / \lg n)$$
$$\sim \sum_{c \in \mathcal{A}} n_c \lg \frac{n}{n_c} + \mathrm{O}(n \lg \sigma \lg \lg n / \lg n)$$
$$= n H_0(T) + \mathrm{O}(n \lg \sigma \lg \lg n / \lg n)$$

となる.つまり $T$ の 0 次エントロピー近くまで圧縮できることになる.

**定理 4.2 (データ構造 WT [52])** アルファベットサイズ $\sigma$ の長さ $n$ の文字列に対し,語長 $\mathrm{O}(\lg n)$ の word-RAM で *access, rank$_c$, select$_c$* は $nH_0(T) + \mathrm{O}(n \lg \sigma \lg \lg n / \lg n) + \mathrm{O}(\sigma \lg n)$ ビットのデータ構造を用いてそれぞれ $\mathrm{O}(\lg \sigma)$ 時間で計算できる.

このデータ構造では,文字列が 0 次エントロピーまで圧縮されているが,$\mathrm{O}(\sigma \lg n)$ ビットの項はアルファベットサイズが大きいときには文字列サイズより大きくなり,無視できない.

## 4.2 アルファベットサイズが大きいとき

前節のデータ構造のサイズに現れる $\mathrm{O}(\sigma \lg n)$ の項は,ウェーブレット木の各ノードのビットベクトルを個別に持つために生じる.よって,ビットベクトルを 1 つに連結すれば,ポインタは 1 つで済み $\mathrm{O}(\lg n)$ ビットとなる.このとき,各操作のアルゴリズムも少し変更する必要がある.

文字列の長さを $n$,ウェーブレット木の高さを $h$ とすると,ビットベクトル $B$ は長さが $hn$ で,深さが $d$ のノード ($d \geq 1$) に対応する $B$ の部分は $B[(d-1)n+1..dn]$ となる.*access/rank/select* の各アルゴリズムでは,$B$ の中で現在探索しているノードのビットベクトルに対応する区間 $[\ell, r]$ を更新していく.あるノードの区間が $[\ell, r]$ のとき,その 2 つの子に対応する区間は $[\ell+n, r+n]$ を分割したものである.分割する位置は,$B[\ell, r]$ 内の 0 の個数から決まる.この考え方に基づく *access* と *rank* の計算法をアルゴリズム 4.4 と 4.5 に示す.なお,*rank* を求める際に文字 $c$ が存在しないときは区間が $[\ell, \ell-1]$ となり,正しく動作する.

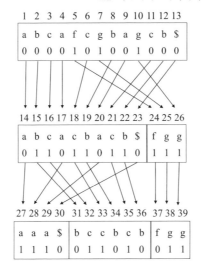

図 4.2 ウェーブレット木の 1 つのビットベクトルによる表現.

*select* のアルゴリズムは少し工夫が必要である．各ノードのビットベクトルへのポインタを格納しているときは，対応する葉に直接アクセスできたが，今回はできない．よってまず根から葉までの各ノードで文字 $c$ の符号のビットに対応するビットベクトルの区間 $[\ell_d, r_d]$ $(d = 1, 2, \ldots, h)$ と，最終的に文字 $c$ に対応する区間 $[\ell, r]$ を求める．すると，$T$ の中の文字 $c$ の個数が $r - \ell + 1$ と求まるため（$c$ が存在しないときは 0 個となる），$i$ 番目の文字 $c$ が存在するかどうかが決定する．存在しない場合はそこで終了である．存在する場合，これまで同様にベクトルを葉から根にさかのぼり，出現位置を求める．

なお，このアルゴリズムでは文字 $c$ の個数と同時に，$c$ よりアルファベット順に小さい文字の総数 $(\ell - hn - 1)$ も求めていることになる．

アルゴリズムの時間計算量のオーダは変わらない．以上より次の定理を得る．

**定理 4.3 (データ構造 WT-MN [71])**[*1] アルファベットサイズ $\sigma$ の長さ $n$ の文字列に対し，語長 $\Omega(\lg n)$ の word-RAM で *access*, *rank*$_c$, *select*$_c$ は $n \lg \sigma + O(n \lg \sigma \lg \lg n / \lg n)$ ビットのデータ構造を用いてそれぞれ $O(\lg \sigma)$

---

[*1] MN は Mäkinen, Navarro を表す．

**アルゴリズム 4.4** $access(T, i)$: $T[i]$ を返す.
1: $[\ell, r] \leftarrow [1, n]$　　　　　　　▷ 現在のノードに対応するビットベクトルの範囲
2: $s \leftarrow \varepsilon$
3: **for** $d \leftarrow 1, h - 1$ **do**
4: 　　$b \leftarrow B[i + \ell - 1]$
5: 　　$s \leftarrow s \cdot b$
6: 　　$i \leftarrow rank_b(B, i + \ell - 1) - rank_b(B, \ell - 1)$
7: 　　$[\ell, r] \leftarrow child(b, \ell, r)$
8: **end for**
9: $b \leftarrow B[i + \ell - 1]$
10: $s \leftarrow s \cdot b$
11: **return** $s$
12: **function** $child(b, \ell, r)$
13: 　　$w \leftarrow rank_0(B, r) - rank_0(B, \ell - 1)$　　▷ 現在のノードのベクトル内の 0 の数
14: 　　**if** $b = 0$ **then**
15: 　　　　**return** $[\ell + n, \ell + n + w - 1]$
16: 　　**else**
17: 　　　　**return** $[\ell + n + w, r + n]$
18: 　　**end if**
19: **end function**

**アルゴリズム 4.5** $rank_c(T, i)$: $T[1..i]$ の中の文字 $c$ の数を返す.
1: $[\ell, r] \leftarrow [1, n]$
2: $t \leftarrow C(c)$
3: **for** $d \leftarrow 1, h$ **do**
4: 　　$b \leftarrow t[d]$
5: 　　$i \leftarrow rank_b(B, i + \ell - 1) - rank_b(B, \ell - 1)$
6: 　　$[\ell, r] \leftarrow child(b, \ell, r)$
7: **end for**
8: **return** $i$

時間で計算できる.

なお，このデータ構造のビットベクトル $B$ を FID で圧縮すると $nH_0(T) + O(n \lg \sigma \lg \lg n / \lg n)$ ビットになるが，その他に冗長な項が付く．1つに連結する前のビットベクトルの長さが小ブロックの長さ $\frac{1}{2} \lg n$ の倍数ではない場合，

**アルゴリズム 4.6** $select_c(T, i)$: $T$ の中で左から $i$ 番目の文字 $c$ の位置を返す.

1: $[\ell, r] \leftarrow [1, n]$
2: $t \leftarrow C(c)$
3: **for** $d \leftarrow 1, h$ **do**
4:     $\ell_d \leftarrow \ell, r_d \leftarrow r$
5:     $b \leftarrow t[d]$
6:     $[\ell, r] \leftarrow child(b, \ell, r)$
7: **end for**
8: **if** $i > r - \ell + 1$ **then**
9:     **return** $n + 1$                      ▷ $c$ が $i$ 個なかった
10: **end if**
11: **for** $d \leftarrow h, 1$ **do**
12:     $b \leftarrow t[d]$
13:     $r \leftarrow rank_b(B, \ell_d - 1)$
14:     $i \leftarrow select_b(B, i + r) - \ell_d + 1$
15: **end for**
16: **return** $i$

2つ以上のベクトルを1つの小ブロックで表すことになり，符号長がエントロピーよりも少し長くなる．結局，冗長な項は $O(\sigma \lg n)$ ビットになり，データ構造 WT のサイズと漸近的には同じになってしまう．冗長な項を $O(\sigma \lg \lg n)$ ビットにする手法も存在する [84] が，アルファベットサイズへの依存を無くすことはできない．

## 4.3 その他の演算

### 4.3.1 区間内の異なる文字の列挙

文字列 $T$ のある部分文字列 $T[\ell..r]$ に現れる文字を全て求めたいとする．アルファベット中の全ての文字 $c \in \mathcal{A}$ に対してランクの値を計算すればこれは求まるが，$O(\sigma \lg \sigma)$ 時間かかる．アルファベットサイズは大きいが，実際に現れる文字の種類が少ない場合にはこれは非効率的である．よって，実際に現れる文字の数に比例した時間で求めるアルゴリズムを考える．これはウェーブレッ

**アルゴリズム 4.7** $enumerate(T, \ell, r)$: $T[\ell..r]$ の中の全ての異なる文字とその頻度を返す．

```
 1: v ← root()                                    ▷ ウェーブレット木の根ノード
 2: SUB(v, ℓ, r)
 3: return
 4: function SUB(v, ℓ, r)
 5:     if v が葉ノード then
 6:         (v.c, r − ℓ + 1) を出力              ▷ 文字とその頻度を出力
 7:     else
 8:         r₁ ← rank₁(v.B, r)
 9:         r₂ ← rank₁(v.B, ℓ − 1)
10:         x ← r₁ − r₂
11:         if x < r − ℓ + 1 then                 ▷ B[ℓ..r] に 0 が 1 回以上出現
12:             SUB(v.left, ℓ − r₂, r − r₁)
13:         end if
14:         if x > 0 then                         ▷ B[ℓ..r] に 1 が 1 回以上出現
15:             SUB(v.right, r₂ + 1, r₁)
16:         end if
17:     end if
18: end function
```

ト木を用いれば解ける．

擬似コードをアルゴリズム 4.7 に示す．なお，ウェーブレット木のノード $v$ には，$v$ が内部ノードならばビットベクトル $v.B$ が格納されているとし，左右の子ノードを $v.left$ と $v.right$ で表すとする．また，$v$ が葉ノードであれば，$v.c$ はその葉に対応する文字を表すとする．葉ノードは文字に対応するため，ビットベクトルを持つとすると全て 0 または 1 になるため，格納しない．

**補題 4.1** ウェーブレット木で表された文字列 $T$ の部分文字列 $T[\ell..r]$ の中の異なる文字の数を $k$ とする．アルゴリズム 4.7 はそれらの文字と出現頻度を $O(k \lg \sigma)$ 時間で求める．

**証明:** ウェーブレット木の根ノードのベクトル $B$ において，$B[\ell..r]$ が全て 1 だとすると，$T[\ell..r]$ には文字コードの最上位ビットが 0 である文字は存在しないので，根の左の部分木は探索する必要はない．同様に，$B[\ell..r]$ が全て 0 のと

きは右の部分木は探索する必要はない．0と1が両方出現する場合，$T[\ell..r]$ の中には文字コードの最上位ビットが0の文字と1の文字が必ず存在する．よって，アルゴリズムが木を探索していくと，探索している部分木の中には答えとして出力される文字が必ず存在する．つまり出力される文字の個数が $k$ のとき，探索で訪れるノード数は $O(k \lg \sigma)$ である．各ノードでの処理時間は定数なので，このアルゴリズムの時間計算量は $O(k \lg \sigma)$ である．また，葉ノードは1つの文字に対応するため，探索範囲の長さと文字の出現頻度は一致する． □

## 4.3.2　ある文字より小さい文字の数

　$rank_c(T, i)$ は $T[1..i]$ の中の文字 $c$ の数を数える関数だが，これを拡張し，$T[1..i]$ の中のアルファベット順が $c$ より小さい文字の数を数えることもできる．この関数を $rank_{<c}(T, i)$ とする．擬似コードをアルゴリズム 4.8 に与える．$rank_c(T, i)$ を計算する場合は，ウェーブレット木の根から $c$ に対応するノードまでのパスを探索する．このとき，あるノード $v$ で右の部分木に移動したとする．$v$ に対応するビットベクトルを $B_s$ とする．このとき，$v$ の左の部分木内にある葉に対応する文字を $c'$ とすると，$c'$ と $c$ の文字コードは，根から $v$ までのパス上では，$s$ で等しくて，$v$ の子で初めて異なり，かつ $c' < c$ となる．$v$ の左の部分木の文字で $T[1..i]$ に入っているものの数は，$rank_0(B_s, i)$ で求まる．この数を右の子に移動する全てのノードで合計すれば，$c$ 未満の文字の数が求まる．計算時間は $rank$ と同じで $O(\lg \sigma)$ である．

## 4.4　ハフマン型ウェーブレット木

　定理 4.2（データ構造 WT）で示したように，ウェーブレット木を用いると文字列は 0 次エントロピー近くまで圧縮することができる．しかし，ビットベクトルの圧縮に FID を用いると，定数倍だがアクセス時間が遅くなってしまう．本節では違う方法で文字列は 0 次エントロピー近くまで圧縮し，かつ $access, rank_c, select_c$ を $O(\lg n)$ 時間で求める方法を説明する．これは**ハフマン型ウェーブレット木** (Huffman-shaped wavelet tree) と呼ばれる．

**アルゴリズム 4.8** $rank_{<c}(T, i)$: $T[1..i]$ の中の $c$ より小さい文字の数を返す.

1: $s \leftarrow \varepsilon$
2: $t \leftarrow C(c)$ ▷ 文字 $c$ の符号のビット列
3: $x \leftarrow 0$
4: **for** $d \leftarrow 1, h$ **do**
5:     $b \leftarrow t[d]$ ▷ $c$ の符号の上から $d$ ビット目
6:     $r \leftarrow rank_1(B_s, i)$
7:     **if** $b = 1$ **then**
8:         $x \leftarrow x + (i - r)$ ▷ $T[i]$ に対応するビットより左の 0 の数を足す
9:         $i \leftarrow r$
10:     **else**
11:         $i \leftarrow i - r$
12:     **end if**
13:     $s \leftarrow s \cdot b$
14: **end for**
15: **return** $x$

これまでのウェーブレット木では,文字 $c$ の符号 $C(c)$ は固定長で $\lg \sigma$ ビットとしていた.これを語頭符号に変更しても,アルゴリズムはほぼそのまま動く.変更点は,探索中に葉に到達したかの判断だけである.ハフマン符号の符号長は $nH_0(T)$ 以上 $n(H_0(T)+1)$ 未満であるため,ウェーブレット木を表現するビットベクトルの長さの合計は $n(H_0(T)+1)$ 未満となる.これに対して $rank/select$ の索引を追加する.索引サイズは $O(n(H_0(T)+1) \lg \lg(nH_0(T))/ \lg(nH_0(T))) = O(nH_0(T) \lg \lg n / \lg n)$ である.

ハフマン符号の長さは最大で $\sigma - 1$ ビットであることを考えると,$rank$ などの計算時間が $O(\sigma)$ 時間になってしまう.しかし,長さ $n$ の文字列が与えられて,それからハフマン符号を構築する場合,各文字の出現確率は $1/n$ 以上であるため,ハフマン符号の長さは $\lg n$ 以下となる.よって次の定理を得る.

**定理 4.4 (データ構造 HWT [70])** [*2] アルファベットサイズ $\sigma$ の長さ $n$ の文字列に対し,語長 $O(\lg n)$ の word-RAM で $access, rank_c, select_c$ は $(n + o(n))(H_0(T) + 1) + O(\sigma \lg n)$ ビットのデータ構造を用いてそれぞれ $O(\lg n)$

---

[*2] H は Huffman を表す.

時間で計算できる．

## 4.5 多分岐ウェーブレット木

ウェーブレット木を用いる場合，$rank$ などの計算時間は $O(\lg \sigma)$ となる．これを高速化することを考える．基本的な考えは，2 分木を多分岐木 (multi-ary tree) にするというものである．$r$-分岐にした場合，ウェーブレット木の高さは $O(\lg_r \sigma)$ になり，各ノードではアルファベットサイズが $r$ の文字列での $rank/select$ 操作が必要になる．これが定数時間で求まるような索引を構成することで，次の定理を得る．

**定理 4.5 (データ構造 MWT [39])** [*3] アルファベットサイズ $\sigma$ の長さ $n$ の文字列に対し，$r$-分岐ウェーブレット木 $(2 \leq r \leq \min\{\sigma, \sqrt{n}\})$ は $nH_0(T) + O(\sigma \lg n) + O(rn \lg \sigma \lg \lg n / \lg n)$ ビットで表現でき，$access, rank_c, select_c$ はそれぞれ $O(\lg_r \sigma)$ 時間で計算できる．さらに，$\sigma = \mathrm{polylog}(n)$ のとき，任意の定数 $0 < \varepsilon < 1$ に対しデータ構造は $nH_0(T) + O(n/\lg^\varepsilon n)$ ビットにでき，上記操作は定数時間となる．

**多分岐ウェーブレット木**を用いると，ウェーブレット木での $access, rank, select$ の時間を $O(\lg \sigma)$ から $O\left(1 + \frac{\lg \sigma}{\lg \lg n}\right)$ にすることができる．

なお，**アルファベット分割** (alphabet partitioning) という手法を用いると，$nH_0(T) + o(n)(H_0(T) + 1)$ ビットのデータ構造で $access$ を $O(1)$ 時間，$rank$ と $select$ を $O(\lg \lg \sigma)$ 時間，もしくは $access$ と $rank$ を $O(\lg \lg \sigma)$ 時間，$select$ を $O(1)$ 時間にすることができる [4]．

## 4.6 直接アドレス可能符号

**直接アドレス可能符号** (directly addressable code, DAC) とは，可変長符号の列で任意の位置の符号に高速にアクセスできる符号である．$X$ を長さ $n$

---

[*3] M は multi-ary を表す．

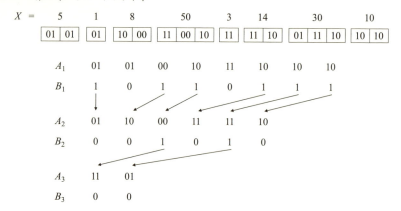

図 4.3 直接アドレス可能符号の例. $n = 8, b = 2$.

の非負整数列 $x_1, x_2, \ldots, x_n$ とする. 各 $x_i$ を 2 進数で表し, それを下から $b$ ビットずつに分割する. ビット列 $A_1$ を, 各 $x_i$ の最下位の $b$ ビットを順に並べたものとする. また, ビット列 $B_1$ を, $x_i$ を 2 進数表記したときの桁数が $b$ より大きいときに $B_1[i] = 1$ と定義する. そして, $B_1[i] = 1$ である $x_i$ に対し, 最下位の $b$ ビットを消し, 同様に $A_2, B_2$ を定義する. これを繰り返す. 図 4.3 は直接アドレス可能符号の例である.

$x_i$ を復号するには, まず $A_1$ から $x_i$ の最下位 $b$ ビットを得る. 次に $B_1[i]$ を調べ, 値が 0 ならば終了する. $B_1[i] = 1$ のとき, $x_i$ は $A_2$ では $i_2 = rank_1(B_1, i)$ 番目の値である. $A_2$ から $x_i$ の次の $b$ ビットが得られる. これを繰り返す.

直接アドレス可能符号の計算量を解析する. まず, データ構造のサイズを解析する. 非負整数 $x_i$ を 2 進数で表現すると, $\ell(x_i) = \lfloor \lg x_i \rfloor + 1$ ビットである ($x_i = 0$ のときは 1 ビットとする). $N_0 = \sum_{i=1}^{n} \ell(x_i)$ と定義する. これを DAC で表すと, $\lceil \ell(x_i)/b \rceil$ 個に分割される. それぞれの分割で $b + 1$ ビット使うので, $x_i$ に対する符号長は $\lceil \ell(x_i)/b \rceil \cdot (b+1) < (\ell(x_i)/b + 1)(b+1) = \ell(x_i)(1 + 1/b) + b + 1$ ビット未満となる. 全ての $x_i$ について和をとると, 符号長 $N$ は $N < N_0(1 + 1/b) + n(b+1)$ となる. $b = \sqrt{N_0/n}$ とすると, $N < N_0 + 2n\sqrt{N_0/n} + n$ となる. また, ビットベクトル $B_1, B_2, \ldots$ に $rank_1$ の索引を追加するが, そのサイズは $O(N \lg \lg N/(b \lg n))$ ビットである. $x_i$ の

計算時間は，$O(\ell(x_i)/b)$ である．つまり定数ではないが，圧縮されていないビットベクトルでの rank は実用上は高速である．

なお，DAC において $b=1$ とすると，$x_i$ の符号長は $2\ell(x_i)$ となる．これはガンマ符号と関係がある．$b=1$ の DAC では $x_i$ の桁数を $B_1, B_2, \ldots$ で表すが，これは桁数を 1 進数符号で表していることになるため，ガンマ符号と同じになる．なお，ガンマ符号は $x_i \geq 1$ に限定することで，数の 2 進表現の最上位ビットが常に 1 になり，それを符号化しないことにすることで符号長が $2\ell(x_i)-1$ となっている．また，$B_1, B_2, \ldots$ はハフマン型ウェーブレット木で 1 進数符号を表したものとみなせる．

## 4.7 直交領域探索

領域探索 (range searching) とは，$d$-次元空間内の点集合から，問い合わせ領域に含まれる点を求める問題である．以下では特に 2 次元**直交領域探索** (two-dimensional orthogonal range searching) 問題を考える．

**問題 4.1** 2 次元直交領域探索とは，$n$ 点の 2 次元点集合 $P = \{p_1, p_2, \ldots, p_n\}$，$p_i \in [0, U-1] \times [0, V-1]$（$i=1,2,\ldots,n$，各座標は整数値とする）と問い合わせ領域 $Q = [x_1, x_2] \times [y_1, y_2]$ に対し，$P \cap Q$ または $|P \cap Q|$ を求める問題である．前者を**列挙問い合わせ**，後者を**頻度問い合わせ**と呼ぶ．

この問題をウェーブレット木を用いて解くことを考える（図 4.4, 4.5 参照）．そのためには，点集合 $P$ を文字列で表す必要がある．長さ $n$ の文字列 $T$ を以下のように定義する．$P$ の点を $x$ 座標の小さい順に並べ，その $y$ 座標を文字だとみなして $T$ を作る．$x$ 座標が等しい点が複数ある場合は，$y$ 座標の小さい順に並べる．また，$T$ からは $x$ 座標の値は復元できないため，ビットベクトル $X$ を保存する（図 4.4 参照）．各 $x \in [0, U-1]$ について，$P$ の点で $x$ 座標が $x$ であるものの数を 1 進数符号で格納する．$X$ の長さは $U+n$ で，1 の数は $n$ 個である．点集合の添え字を付け替えて，$T$ に現れる順に $p_1, p_2, \ldots, p_n$ とすると，$p_i$ の元の $x$ 座標は $select_1(X, i) - i$ である．また，$x$ 座標が $x_1$ 以上 $x_2$ 以下の点の添え字（$T$ 中の位置）は，$select_0(X, x_1) - x_1 + 1$ から

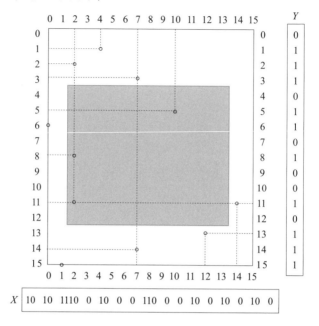

**図 4.4** 2 次元点集合 $P$ の例．$|P| = n = 11$, $U = V = 16$．問い合わせ領域は $[2, 13] \times [4, 12]$．

$select_0(X, x_2 + 1) - x_2 - 1$ である．

文字列 $T$ のアルファベットサイズは $V$ だが，これも $y$ 座標を付け替えることで $n$ 以下にできる．そのためにビットベクトル $Y$ を作成する．$Y$ は長さが $V$ であり，$y$ 座標が $i$ の点があるときに $Y[i+1] = 1$ とする（$Y$ の添え字は 1 から $V$ とする）．つまり，異なる $y$ 座標に小さい順に $0, 1, \ldots$ を割り振る．最大値は $n - 1$ 以下で，同じ $y$ 座標が複数ある場合には $n - 1$ 未満になる．すると，元の点の $y$ 座標が $y$ のとき，変換後は $y' = rank_1(Y, y+1) - 1$ となる．列挙問い合わせでは，求めた点の座標を元に戻す必要があるが，それは $y = select_1(Y, y') - 1$ で計算できる．また，問い合わせ領域 $[y_1, y_2]$ は $[rank_1(Y, y_1), rank_1(Y, y_2 + 1) - 1]$ となる．変換後の点集合を図 4.5 に示す．

問い合わせ領域が $Q = [x_1, x_2] \times [y_1, y_2]$ で，その座標を変換したものを $Q' = [i, j] \times [a, b]$ とする．すると，$P \cap Q$ を求めるには，$T[i..j]$ の中の文字 $c$

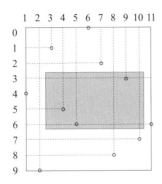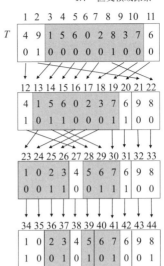

**図 4.5** 変換後の $P$ とそれを表す $T$ のウェーブレット木．問い合わせ領域も $[3,10] \times [3,6]$ に変換されている．

で $c \in [a,b]$ のものを求めればよい．そのために，ウェーブレット木の根ノードから探索を行う．ウェーブレット木のあるノード $v$ に対応する文字列 $T_v$ に現れ得る文字の範囲を $[s,t]$ とする．もし $[s,t] \cap [a,b] = \emptyset$ ならば，このノードに対応する文字列には探しているものはないため，そこで探索を終了する．もし $[s,t] \subset [a,b]$ ならば，このノードに対応する文字列の文字は全て問い合わせ領域の $y$ 座標の範囲に含まれる．よって，$T_v[i..j]$ を探索しているとすると出力すべきものは $T_v[i..j]$ の全ての文字で，その個数は $j-i+1$ であり，$v$ の子をさらに探索する必要はない（ただし，列挙問い合わせでは $x,y$ 座標を復元する必要があり，そのためには結局葉ノードまでたどる必要がある）．また，ウェーブレット木のあるノードに格納されているビットベクトルで，現在探索している範囲が全て 0 または 1 の場合，子ノードへ探索を進めると対応する文字列が存在しなくなることがある．その場合も探索を終了する．それ以外の場合には，左右の子ノードを再帰的に探索する．頻度問い合わせの擬似コードをアルゴリズム 4.9 に示す．

アルゴリズムの動作を図 4.5 を用いて説明する．問い合わせ領域を $[2,13] \times$

**アルゴリズム 4.9** $ORS([x_1, x_2], [y_1, y_2])$: $P$ の点 $p$ で $p \in Q = [x_1, x_2] \times [y_1, y_2]$ であるものの数を返す.

1: $[i, j] \leftarrow [select_0(X, x_1) - x_1 + 1, select_0(X, x_2 + 1) - x_2 - 1]$ ▷ $Q$ の x-座標の変換
2: $[a, b] \leftarrow [rank_1(Y, y_1), rank_1(Y, y_2 + 1) - 1]$ ▷ $Q$ の y-座標の変換
3: $[s, t] \leftarrow [0, 2^k - 1]$ $(k = \lceil \lg n \rceil)$ ▷ $T$ の文字の範囲
4: **return** SUB($[i, j], [1, n], [s, t]$)
5: **function** SUB($[i, j], [\ell, r], [s, t]$)
6:    **if** $i > j$ **then**
7:       **return** 0
8:    **end if**
9:    **if** $[s, t] \cap [a, b] = \emptyset$ **then**
10:      **return** 0
11:   **end if**
12:   **if** $[s, t] \subset [a, b]$ **then**
13:      **return** $j - i + 1$
14:   **end if**
15:   $c_0 \leftarrow rank_0(B, \ell - 1), c_1 \leftarrow rank_1(B, \ell - 1)$
16:   $i_0 \leftarrow rank_0(B, \ell - 1 + i - 1) - c_0 + 1, j_0 \leftarrow rank_0(B, \ell - 1 + j) - c_0$
17:   $i_1 \leftarrow rank_1(B, \ell - 1 + i - 1) - c_1 + 1, j_1 \leftarrow rank_1(B, \ell - 1 + j) - c_1$
18:   $[\ell_0, r_0] \leftarrow child(0, \ell, r), [\ell_1, r_1] \leftarrow child(1, \ell, r)$
19:   $[s_0, t_0] \leftarrow [s, (s + t - 1)/2], [s_1, t_1] \leftarrow [(s + t + 1)/2, t]$
20:   **return** SUB($[i_0, j_0], [\ell_0, r_0], [s_0, t_0]$) + SUB($[i_1, j_1], [\ell_1, r_1], [s_1, t_1]$)
21: **end function**
22: **function** $child(b, \ell, r)$
23:   $w \leftarrow rank_0(B, r) - rank_0(B, \ell - 1)$ ▷ 現在のノードのベクトル内の 0 の数
24:   **if** $b = 0$ **then**
25:      **return** $[\ell + n, \ell + n + w - 1]$
26:   **else**
27:      **return** $[\ell + n + w, r + n]$
28:   **end if**
29: **end function**

$[4, 12]$ とすると,座標変換後は $[3, 10] \times [3, 6]$ となる.つまり,文字列 $T[3..10]$ の中で 3 以上 6 以下の文字の個数を求めればよい.まず,$T[3..10]$ に出現する可能性のある文字の範囲は $[0, 9]$ であり,探索領域の $y$ 座標の範囲 $[3, 6]$ を含んでいるため,左右の子を探索する.左の子に対応するウェーブレット木

のビットベクトルは $B[13..19]$ で,そこに出現する可能性のある文字の範囲は $[0,7]$ である.右の子に対応するビットベクトルは $B[22..22]$ で,文字の範囲は $[8,9]$ である.右の子の文字の範囲は探索範囲 $[3,6]$ と重ならないため,探索しない(0 を返す).左の子の文字の範囲は $[3,6]$ を含むため,さらに探索する.探索範囲に対応するビットベクトルは $B[23..26]$ と $B[28..30]$ で,それらの文字の範囲は $[0,3]$ と $[4,7]$ である.$B[23..26]$ の左の子は $B[34..35]$ だが,文字の範囲が $[0,1]$ で探索範囲と重ならない.右の子は $B[36..37]$ で,その右の子 $B[37]$ のみが探索範囲に入り,点が 1 点あることが分かる.$B[28..30]$ の左の子は $B[39]$ で,この点も答えに含まれる.右の子は $B[40..41]$ で,そのうちの左の子 $B[40]$ のみが答えに含まれる.

**定理 4.6 (データ構造 WT-ORS)** [*4] 2 次元領域 $[0,U-1] \times [0,V-1]$ に $n$ 個の点があるとする.$(n + \mathrm{O}(n \lg \lg n / \lg n)) \lg V + n \lg \frac{n+U}{n} + \mathrm{O}(n)$ ビットのデータ構造を用いて,頻度問い合わせは $\mathrm{O}(\lg n)$ 時間で行える.

**証明:** データ構造として必要なのは,座標変換に用いるビットベクトル $X, Y$ と,ウェーブレット木を表すビットベクトル $B$ と $rank$ の索引である.$X$ は $\mathcal{B}(n, n+U) + \mathrm{O}(n)$ ビット,$Y$ は $\mathcal{B}(n, V) + \mathrm{O}(n) = n \lg \frac{V}{n} + \mathrm{O}(n)$ ビットである.$B$ は長さが $n \lg n$ であるため,$rank$ の索引を追加すると $(n + \mathrm{O}(n \lg \lg n / \lg n)) \lg n$ ビットとなる.次に時間計算量を解析する.$y$ 座標の探索範囲を $[a, b]$ とする.ウェーブレット木で $a$ と $b$ に対応する葉と根までのパス上のノードを探索するが,これらの葉の間にある葉とその祖先のノードに関しては,文字の区間が探索範囲に完全に含まれているため,探索する必要はない.よって探索するノード数はウェーブレット木の高さに比例し,$\mathrm{O}(\lg n)$ 個である.1 つのノードの探索は $rank$ の計算をするだけなので定数時間であり,全体の計算量は $\mathrm{O}(\lg n)$ 時間となる. □

---

[*4] ORS は orthogonal range searching を表す.

## 4.8 文献ノート

ウェーブレット木は 2003 年に Grossi, Gupta, Vitter [52] によって提案されたが，基本的な考え方は Chazelle [21] によって 1988 年に与えられている．ただし Chazelle のデータ構造は簡潔ビットベクトルは用いていない．

第 4.2 節のアルファベットサイズが大きいときのウェーブレット木は Mäkinen, Navarro [71] による．なお，これとは異なる方法で各ノードのビットベクトルを連結して表現する方法として**ウェーブレット行列** [23] (wavelet matrix) がある．第 4.4 節のハフマン型ウェーブレット木は Mäkinen, Navarro [70] による．第 4.5 節の多分岐ウェーブレット木は Ferragina ら [39] による．第 4.6 節の DAC は Brisaboa ら [18] による．

ウェーブレット木の様々な応用については Navarro [82]，サイズの解析については Ferragina ら [35] が詳しい．

# 第5章

# 区間最小値問い合わせ

区間最小値問い合わせ（range minimum query，以下 RMQ）問題と**最近共通祖先**（lowest common ancestor，以下 LCA）問題には密接な関係があり，多くの問題の部分問題として現れる重要な問題である．本章では両者の関係を利用した効率的なアルゴリズムを与える．

## 5.1 問題の定義

まず問題を定義する．

**問題 5.1** 配列 $A[1..n]$ に対する区間最小値問い合わせとは，与えられた区間 $[s,t]$ ($1 \leq s \leq t \leq n$) に対して $A[s..t]$ 中の最小値の位置 ($RMQ_A(s,t) = \mathrm{argmin}_{s \leq x \leq t} A[x]$) を返す問い合わせである．もし最小値が2箇所以上ある場合は最も左のものを返す．

**定義 5.1** 根付き木 $T$ の2つのノード $x, y$ に対し，最近共通祖先 $lca_T(x, y)$ を $x, y$ の共通の祖先で深さ最大のノードと定義する．

**定義 5.2** 配列 $A[1..n]$ に対する RMQ データ構造とは，$A$ から定義されるデータ構造で，$RMQ_A(s, t)$ を実行するものである．

**定義 5.3** 根付き木 $T$ に対する LCA データ構造とは，$T$ から定義されるデータ構造で，LCA 問い合わせ $lca_T(x, y)$ を実行するものである．

データ構造の評価基準は，サイズ $n$ の入力（配列の長さ/木のノード数）に

対するデータ構造のサイズ（ビット数）$s(n)$，データ構造を構築する時間 $f(n)$，問い合わせの時間 $q(n)$ である．これを $\langle s(n), f(n), q(n)\rangle$ と書く．

## 5.2　RMQ を LCA に帰着

配列 $A[1..n]$ に対して，デカルト木 (Cartesian tree) を以下のように定義する．

**定義 5.4（デカルト木）**　配列 $A[1..n]$ の最小値の位置を $m$ とする．最小値が複数ある場合は最も左のものとする．このとき，配列 $A$ のデカルト木は，根に $A[m]$ を持ち，その左の部分木に配列 $A[1..m-1]$ に対するデカルト木，右の部分木に配列 $A[m+1..n]$ に対するデカルト木を持つ 2 分木である．

配列の長さが 0 のときは対応するデカルト木は空とする．すると RMQ は LCA に帰着できる．

**補題 5.1**　配列 $A[1..n]$ に対するデカルト木を $T$ とする．また，配列の要素 $A[s], A[t], A[RMQ_A(s,t)]$ を持つ $T$ のノードをそれぞれ $x, y, z$ とする．すると $z = lca_T(x, y)$ が成り立つ．

**証明:**　デカルト木のノード $lca_T(x, y)$ が $x$ と等しいとき，$y$ は $x$ の右の部分木にあるため $\forall i \in [s+1, t], A[i] \geq A[s]$ であり，$A[s]$ が区間内の最小値の中で最も左にあるものとなる．つまり $z = lca_T(x, y)$ が成り立つ．$lca_T(x, y)$ が $y$ と等しいとき，$x$ は $y$ の左の部分木にあるため $\forall i \in [s, t-1], A[i] > A[t]$ であり，$A[t]$ が区間内の唯一の最小値となる．つまり $z = lca_T(x, y)$ である．それ以外のとき，$v = lca_T(x, y)$ とし，$v$ に対応する配列の要素を $A[m]$ とする．

$v$ は $x$ と $y$ の共通の祖先の中で根から最も遠いものなので，$x$ は $v$ の左部分木，$y$ は $v$ の右部分木に存在する．デカルト木の作り方から $s < m < t$ となり，$v$ に対応する配列の値は $A[s..t]$ 内に存在することが分かる．また，$A[s..t]$ 内の各要素に対応するデカルト木のノードは $v$ の部分木に含まれる．よって $A[m]$ は $A[s..t]$ を含む区間内の最小値の中で最も左にあるものとなる．つまり $m = RMQ_A(s, t)$ であり，$v = z$ である．以上より証明された．　　□

## 5.2 RMQ を LCA に帰着

配列 $A[1..n]$ が与えられたとき，そのデカルト木 $T$ は次のアルゴリズムで $O(n)$ 時間で構築できる．配列 $A[1..m]$ に対するデカルト木 $T_m$ から，配列 $A[1..m+1]$ に対するデカルト木 $T_{m+1}$ を作ることを $m = 1, 2, \ldots, n-1$ に対して行う．$m = 1$ のとき，$T_1$ は $A[1]$ を含む 1 つのノードである．$T_m$ から $T_{m+1}$ を作ることを考える．$T_m$ の根から一番右の葉までのパス上のノードを $v_1, v_2, \ldots, v_{c_m}$ とし，それらに対応する配列の値を $A[i_1], A[i_2], \ldots, A[i_{c_m}]$ とすると，$i_1 < i_2 < \cdots < i_{c_m}$ であり，$A[i_1] \leq A[i_2] \leq \cdots \leq A[i_{c_m}]$ である．$A[m+1]$ に対応する $T_{m+1}$ のノード $w$ は，このパス上のどこかに挿入される．具体的には，$A[i_j] \leq A[m+1] < A[i_{j+1}]$ のとき，$w$ は $v_j$ の子として挿入され，$T_m$ での $v_j$ の右部分木は $T_{m+1}$ では $w$ の左の子になり，$w$ は右の子は持たない．

このアルゴリズムの時間計算量を見積もる．$A[m+1]$ を挿入する際，一番右の葉（$A[m]$ に対応）から根に向かって探索すると，探索するノード数は $c_m - c_{m+1} + 2$ となる．これを $m = 1, 2, \ldots, n-1$ に対して行うと，探索するノード数の合計は $c_1 - c_n + 2n = O(n)$ となる．1 回の操作は $O(1)$ 時間であるため，デカルト木の構築時間は $O(n)$ となる．

配列 $A$ での RMQ をデカルト木 $T$ での LCA を用いて解くには，配列の各要素 $A[i]$ と対応する $T$ のノードの間の双方向のポインタが必要である．つまり $O(n \lg n)$ ビットのデータ構造が必要である．このデータ構造はデカルト木の構築時に作ることができ，$O(n)$ 時間で構築できる．

以上より，次の補題が成り立つ．

**補題 5.2** サイズ $n$ の LCA 問題に対する計算量 $\langle s(n), f(n), q(n) \rangle$ のデータ構造が存在するとき，サイズ $n$ の RMQ 問題に対する計算量 $\langle s(n) + O(n \lg n), f(n) + O(n), q(n) + O(1) \rangle$ のデータ構造が存在する

なお，配列 $A$ からデカルト木を作った後は，RMQ の計算では配列 $A$ を用いない．RMQ は最小値の位置を求める演算だが，実際の最小値が必要な場合には配列 $A$ が必要である．図 5.1 はデカルト木の例である．

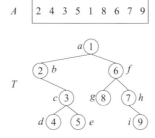

図 5.1 配列 $A$ と $A$ のデカルト木 $T$.

## 5.3 LCA を RMQ に帰着

ノード数 $n$ の根付き木 $T$ に対し，$T$ のノードを深さ優先探索 (DFS) し，各ノード $v$ に 2 つのラベル $d(v), f(v)$ を付ける．$d(v)$ は $v$ からの DFS の開始時刻，$f(v)$ は DFS の終了時刻である．時刻は 1 から始まり，木の枝を 1 つたどる度に値が 1 増えるとする．すると次のよく知られた事実が成り立つ．

**命題 5.1** ノード数 $n$ の根付き木 $T$ に対し，

- 各ノード $v \in T$ に対し，$1 \leq d(v) < f(v) \leq 2n$
- $T$ のノード $v$ が $u$ の祖先 $\iff d(u) \in [d(v), f(v)]$

整数の配列 $E[0..2n]$ を次のように作成する．各ノード $v \in T$ に対し，$E[d(v)]$ に $v$ の深さ $h$ を格納する．ただし根ノードの深さは 1 とする．また，$E[f(v)]$ に $h-1$ を格納する．便宜上，$E[0] = 0$ とする．なお，この配列は，$T$ のノードを深さ優先探索したときに，各時刻にいるノードの深さを順に並べたものと等しく，$T$ の**超過配列** (excess array) と呼ばれる．図 5.2 は超過配列の例である．

超過配列は次の性質を持つ．

**補題 5.3** 根付き木 $T$ の超過配列 $E$ に対し，$T$ のノード $v$ の深さを $h$ とすると，

$$\begin{array}{c} a\ b\ c\ d\ \underline{d}\ e\ \underline{e}\ \underline{c}\ \underline{b}\ f\ g\ \underline{g}\ h\ i\ \underline{i}\ \underline{h}\ \underline{f}\ \underline{a} \end{array}$$

$E$ | 0 1 2 3 4 3 4 3 2 1 2 3 2 3 4 3 2 1 0

$B$ | 1 1 1 1 0 1 0 0 0 1 1 0 1 1 0 0 0 0

$A$ | 1 | 3 | 1 | 2 | 3 | 0

**図 5.2** 図 5.1 のデカルト木 $T$ の超過配列 $E$, $E$ を表すビット列 $B$, $E$ の区間最小値の配列 $A$. $a$ から $i$ の文字はデカルト木のノードを表す. 下線は DFS の終了時刻に対応することを意味する.

- $E[d(v)] = h$, $E[f(v)] = h - 1$
- $d(v) \leq \forall i \leq f(v) - 1$, $E[i] \geq h$
- $\forall v \in T, E[d(v)] = E[d(v) - 1] + 1, E[f(v)] = E[f(v) - 1] - 1$.

超過配列を用いると, LCA は RMQ に帰着できる.

**補題 5.4** $x, y$ を $T$ のノードとし, $d(x) < d(y)$ とする. また, $z = lca_T(x, y)$ とする. $T$ の超過配列 $E$ において, $m = RMQ_E(d(x), d(y))$ とする. $m = d(x)$ のときは $z = x$ であり, それ以外のときは $m = f(w)$ となる $z$ の子ノード $w$ が存在する.

なお, $d(x) < d(y)$ のとき $y$ は $x$ の祖先にはならない.

**証明:** $m = d(x)$ のとき, 任意の $i \in [d(x), d(y)]$ に対し $E[i] \geq E[d(x)]$ である. つまり $d(y) \in [d(x), f(x)]$ であり, $x$ は $y$ の祖先である. このとき $lca_T(x, y) = x$ であり, 成り立つ.

$m \neq d(x)$ のとき, $E[m] < E[d(x)]$ であり, 補題 5.3 より $d(x) \leq \forall i \leq f(x) - 1, E[i] \geq E[d(x)]$ であるから, $f(x) \leq m \leq d(y)$ である. つまり, $x$ は $y$ の祖先ではなく, $z = lca_T(x, y)$ は $x$ とは異なる. このとき, $\exists w, f(w) = m$ となる. なぜなら $\exists w, d(w) = m$ のとき $E[d(w) - 1] = E[d(w)] - 1$ で $d(w) - 1 \geq d(x)$ であるため, RMQ の定義より $m$ は最小値の位置にはならないからである. 次に, $w$ は $x$ 自身, もしくは $x$ の祖先である. なぜなら, $w$ が $x$ の子孫だとすると $d(x) < f(w) < f(x)$ であり, $E[f(w)] \geq E[d(x)]$ となり

$m$ は最小値ではなくなり，$w$ と $x$ の共通の祖先があるとすると $f(x) < d(w)$ だが，$E[d(w) - 1] = E[d(w)] - 1 = E[f(w)]$ となり $m$ よりも左に最小値があることになるからである．また，$f(w) < d(y)$ より $w$ は $y$ の祖先ではない．しかし，$w$ の親を $p$ とすると，$p$ は $y$ の祖先である．なぜなら，$E[d(p)] = E[d(w)] - 1 = E[f(w)]$ であり，この値を $h$ とすると，$E[m]$ が最小値であるので $f(w) \le \forall i \le d(y), E[i] \ge h$ となり，$E[f(p)] = h - 1$ であるので $f(p) > d(y)$ であるからである．以上より $p = lca_T(x, y)$ であり，$w$ はその子である．  □

RMQ の解から LCA の解を求めるには，配列 $L[1..2n]$ を用意し，$\forall v \in T, L[f(v)] = (v\ の親)$ とすればよい．この配列は $T$ を深さ優先探索して配列 $E$ を作成するときに同時に作成でき，計算時間は $O(n)$ である．この配列のサイズは，$T$ の各ノードを $O(\lg n)$ ビットで表現するなら $O(n \lg n)$ ビットである．

以上より，次の補題が成り立つ．

**補題 5.5** サイズ $n$ の RMQ 問題に対する計算量 $\langle s(n), f(n), q(n) \rangle$ のデータ構造が存在するとき，サイズ $n$ の LCA 問題に対する計算量 $\langle s(2n) + O(n \lg n), f(2n) + O(n), q(2n) + O(1) \rangle$ のデータ構造が存在する．

## 5.4　±1 RMQ 問題

上述のように，RMQ 問題は LCA 問題に帰着され，LCA 問題は再び RMQ 問題に帰着されるという再帰的な構造になっている．しかし，元の RMQ 問題のサイズが $n$ のとき，変換した RMQ 問題のサイズは $2n$ となっており，再帰が終わらなくなってしまう．しかし実は変換後の RMQ 問題の入力は特別な性質があり，うまく解ける．

根付き木 $T$ の超過配列 $E[0..2n]$ は特別な性質を満たす．つまり，全ての $1 \le i \le 2n$ において $E[i] = E[i-1] + 1$ または $E[i] = E[i-1] - 1$ を満たす．このような配列を ±1 配列という．また，±1 配列での RMQ 問題を ±1 RMQ 問題と呼ぶ．

## 5.4 ±1 RMQ 問題 —— 75

配列 $E[0..2n]$ は ±1 配列であるため，先頭の値 $E[0]$ と長さ $2n$ のビット列 $B[1..2n]$ で表現できる．つまり，$B[i] = 1$ のとき $E[i] = E[i-1]+1$，$B[i] = 0$ のとき $E[i] = E[i-1]-1$ を表すとする．RMQ 問題では最小値の位置のみを答えるため，先頭の値は 0 とみなしてよい（超過配列ならば $E[0] = 0$ である）．

配列 $E$ を長さ $\ell = \frac{1}{2}\lg n$ のブロックに分割する．問い合わせ区間 $E[s..t]$ がブロック $i$ の接尾辞，ブロック $i+1$ から $j-1$ の全体，ブロック $j$ の接頭辞を含むとする．全体の最小値はこれらの 3 つの区間の最小値の中の最小値である．ブロック $i$ 内での最小値の位置は表引きで定数時間で求まる．つまり，ブロック $i$ 内で問い合わせ区間と重なる部分を $E[s..s']$ とすると，ブロック $i$ に対応する $B$ の長さ $\ell$ の部分列 $b$ と，$b$ の中での $s$ の相対位置 $p$ から，最小値の位置は決定される．この値を格納する 2 次元の表を予め作成しておけば，答えは定数時間で求まる．表のサイズは $2^\ell \times \ell$ で，各要素は $O(\lg \ell)$ ビットで表現できる．つまり表は $O(\sqrt{n}\lg n \lg\lg n)$ ビットとなる．ブロック $j$ の接頭辞での最小値の位置も同様に求まる．また，問い合わせの区間が 1 つのブロックに完全に含まれる場合も最小値の位置は表引きで定数時間で求まる．なお，この場合は $B$ の長さ $\ell$ の部分列と，問い合わせ区間の左端と右端の位置の 3 つの値から答えが決まることになる．超過配列中の位置 $i$ から配列の値 $E[i]$ を求めるには，ベクトル $B$ で $rank$ を計算すればよい．$B[j] = 1$ のときに $E[j] = E[j-1]+1$，$B[j] = 0$ のときに $E[j] = E[j-1]-1$ より，$E[i] = rank_1(B,i) - rank_0(B,i) = 2rank_1(B,i) - i$ である．つまり $E[i]$ は定数時間で求まる．

なお，実用的には，次のような 1 つの表を用いる方が表のサイズが小さくなるため効率的である．長さ $\ell$ の全ての 0,1 パタンに対し，その中の最小値の位置と値を格納する．表は $O(\sqrt{n}\lg\lg n)$ ビットとなる．この表を用いてブロックの接頭辞 $E[t'..t]$ に対する最小値を求めるには，$t$ の右側を全て 1 に変換したパタンを作り，その中での最小値を求める．すると $t$ の右側に最小値が来ることはないため，正しい答えが得られる．ブロックの接尾辞 $E[s..s']$ の最小値を求める場合，$s$ の左側に $k$ ビットあるならば，その $k$ ビットを消し，末尾に $k$ 個の 1 を追加したパタンに対して最小値の位置を求め，それを右に $k$ 移動したものが答えである．問い合わせ区間がブロック内に含まれる場合も接尾辞

の場合と同様である.

ブロック $i+1$ から $j-1$ の最小値は以下のように求める. $E$ の各ブロックの最小値を取り出し,それを配列 $A[1..2n/\ell]$ に格納する.するとブロック $i+1$ から $j-1$ の最小値の位置は $RMQ_A(i+1, j-1)$ となる.つまり,長さ $2n$ の $\pm 1$ 配列での RMQ は,$2n + \mathrm{O}(n \lg\lg n / \lg n)$ ビットのデータ構造($E$ での rank の計算のため)を用いて,長さ $\mathrm{O}(n/\lg n)$ の一般の配列 $A$ での RMQ に帰着される.なお,各 $A[i]$ は $\mathrm{O}(\lg n)$ ビットの整数で表現できる.また,$E$ から $A$ への変換は $\mathrm{O}(n/\lg n)$ 時間でできる.なぜなら,各ブロック中の最小値は表を用いて定数時間で求まり,ブロックの個数は $\mathrm{O}(n/\lg n)$ だからである.

以上より,RMQ 問題と $\pm 1$ RMQ 問題の計算量に対して次の補題が成立する.

**補題 5.6** サイズ $n$ の RMQ 問題に対する計算量 $\langle s(n), f(n), q(n) \rangle$ に対し,

$$s(n) = \mathrm{O}(n \lg n) + s(\mathrm{O}(n/\lg n))$$
$$f(n) = \mathrm{O}(n) + f(\mathrm{O}(n/\lg n))$$
$$q(n) = \mathrm{O}(1) + q(\mathrm{O}(n/\lg n))$$

が成り立つ.

**補題 5.7** サイズ $n$ の $\pm 1$ RMQ 問題に対する計算量 $\langle s^\pm(n), f^\pm(n), q^\pm(n) \rangle$ に対し,

$$s^\pm(n) = n + \mathrm{O}(n \lg\lg n / \lg n) + s(\mathrm{O}(n/\lg n))$$
$$f^\pm(n) = \mathrm{O}(n/\lg n) + f(\mathrm{O}(n/\lg n))$$
$$q^\pm(n) = \mathrm{O}(1) + q(\mathrm{O}(n/\lg n))$$

が成り立つ.ここで $s(n), f(n), q(n)$ はサイズ $n$ の RMQ 問題の計算量である.

## 5.5 RMQ 問題の定数時間アルゴリズム

前節の議論より,サイズ $n$ の RMQ 問題は,サイズ $\mathrm{O}(n/\lg n)$,$\mathrm{O}(n/\lg^2 n)$,

$O(n/\lg^3 n)$ と再帰的に小さい問題へ帰着できる．$q(n) = O(1)$ とするには，この再帰を定数回で止める必要がある．そのために，次の SparseTable アルゴリズムを用いる．

長さ $n$ の配列 $A[1..n]$ に対し，各 $A[i]$ は $O(\lg n)$ ビットの整数で表現できるとする．配列 $A$ から 2 次元配列 $M[1..n][0..\lfloor \lg n \rfloor]$ を作成する．$M[i][k] := RMQ_A(i, \min\{i + 2^k - 1, n\})$ とする ($1 \le i \le n, 0 \le k \le \lfloor \lg n \rfloor$)．この配列は $k$ の小さい順に計算していくと $O(n \lg n)$ 時間で作成でき，表は $O(n \lg^2 n)$ ビットで表現できる．問い合わせ $RMQ_A(s,t)$ が与えられたとき，$k$ を $2^k \le t - s + 1 < 2^{k+1}$ となる整数とすると，$A[RMQ_A(s,t)] = \min\{A[M[s][k]], A[M[t - 2^k + 1][k]]\}$ となる．つまり，区間 $[s..t]$ が区間 $[s..s + 2^k - 1]$ と区間 $[t - 2^k + 1..t]$ の 2 つの区間の和集合で表現されており，それぞれの最小値のうちの小さい方が全体の最小値となる．$k$ の値を計算する必要があるが，これは整数値の桁数 ($MSB(\cdot)$) の計算に対応し，$O(\sqrt{n} \lg \lg n)$ ビットの表を用いて定数時間で求まる．つまり $O(n \lg^2 n)$ ビットのデータ構造を用いて，最小値の位置は定数時間で求まる．

元の問題のサイズが $n$ のとき，再帰を 3 回行うと問題サイズが $O(n/\lg^3 n)$ となる．この問題に対し SparseTable アルゴリズムを用いると，必要な領域は $O(n/\lg n)$ ビットとなる．以上より，次の定理を得る．

**定理 5.1** サイズ $n$ の RMQ 問題に対する計算量 $\langle O(n \lg n), O(n), O(1) \rangle$ のデータ構造が存在する．

**定理 5.2 (データ構造 $\mathbf{RMQ}^{\pm}$)** サイズ $n$ の $\pm 1$ RMQ 問題に対する計算量 $\langle n + O(n \lg \lg n / \lg n), O(n/\lg n), O(1) \rangle$ のデータ構造が存在する．

## 5.6 RMQ 問題の $4n$ ビットデータ構造

定理 5.1 より，RMQ 問題は $O(n \lg n)$ ビットのデータ構造を用いて定数時間で解けることが分かった．ここでは，このデータ構造を $4n + o(n)$ ビットに圧縮する．

78 —— 第 5 章 区間最小値問い合わせ

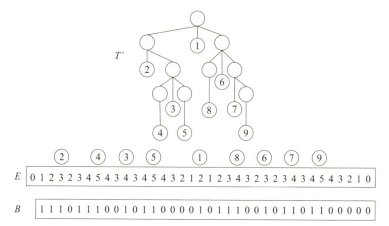

**図 5.3** 図 5.1 のデカルト木 $T$ を変換した木 $T'$, その超過配列 $E$, $E$ を表すビット列 $B$.

補題 5.6 より，サイズ $n$ の問題がサイズ $O(n/\lg n)$ の問題に変換できることが分かったが，その変換に用いるデータ構造のサイズが $O(n \lg n)$ であることが難点である．よって，この変換を工夫する必要がある．

長さ $n$ の配列 $A$ に対し，デカルト木 $T$ を作成する．そして，$T$ を次のように変形する（図 5.3 参照）．$T$ の各ノードにおいて，左右の子の間に葉ノードを追加し，ノードに格納されていた値をその葉に格納する．この木を $T'$ とする．$T'$ のノード数は $2n$ になる．そして $T'$ の超過配列 $E$ を表現するビット列 $B$ を作成する．$B$ の長さは $4n$ である．図 5.3 に例を示す．

この表現の利点は，$A[i]$ に対応する $T'$ のノードを $v_i$ とすると，$d(v_1) < d(v_2) < \cdots < d(v_n)$ となることである．つまり，RMQ 問題を LCA 問題に帰着するときのノードの対応関係を覚える必要がないため，領域を削減できる．具体的には，次のアルゴリズムを用いればよい．

**補題 5.8** 配列 $A[1..n]$ に対するデカルト木を変形したものの超過配列 $E$ を表現するビットベクトル $B[1..4n]$ を用いて $z = RMQ_A(x, y)$ は次のように計算できる．

$$x' = select_{10}(B, x)$$

$$y' = select_{10}(B, y)$$
$$z' = RMQ_E(x', y')$$
$$z = rank_{10}(B, z' + 1)$$

**証明:** $A[x], A[y]$ に対応する $T$ のノードを $v_x, v_y$ とする. $x', y'$ はそれぞれ $A[x], A[y]$ に対応する $T'$ の葉を表す. すると $lca_{T'}(x', y') = lca_T(v_x, v_y)$ となる. $z' = RMQ_E(x', y')$ とすると, 補題 5.4 より, $z'$ は $w := lca_{T'}(x', y')$ のある子の終了時刻である. なお, $x'$ は葉であるため, $lca$ にはならない. $z = RMQ_A(x, y)$ は配列 $A$ 上で $w$ よりも左 ($w$ を含む) にある要素数となる. $z'$ は $w$ の左の子または中央の子の終了時刻である. $z' + 1$ は $w$ の中央の子または右の子の開始時刻である. いずれの場合も, $z = rank_{10}(z' + 1)$ で最小値の順位が求まる. □

よって, 次の結果を得る.

**補題 5.9** サイズ $n$ の RMQ 問題に対する計算量 $\langle s(n), f(n), q(n) \rangle$ に対し,

$$s(n) = 4n + O(n \lg \lg n / \lg n) + s(O(n/\lg n))$$
$$f(n) = O(n) + f(O(n/\lg n))$$
$$q(n) = O(1) + q(O(n/\lg n))$$

が成り立つ.

**定理 5.3 (データ構造 RMQ-S [99])** サイズ $n$ の RMQ 問題に対する計算量 $\langle 4n + O(n \lg \lg n / \lg n), O(n), O(1) \rangle$ のデータ構造が存在する.

## 5.7 RMQ 問題の $2n$ ビットデータ構造

前節では, RMQ 問題の $4n + o(n)$ ビットデータ構造を与えた. その際に難しいことは, 配列 $A$ の添え字から, それに対応するデカルト木のノードを求めることであった. 前節のデータ構造では, 配列の要素に対応する木のノードを全て葉ノードにすることで, 配列中の順序と葉の順序を一致させるとい

う手法をとった．本節では，別の方法を用いることで，データ構造のサイズを $2n + o(n)$ ビットに圧縮する．

デカルト木 $T$ は 2 分探索木であるため，ノードの通りがけ順 (inorder) が定義できる．実は，配列の要素 $A[i]$ に対応するデカルト木のノードの通りがけ順は $i$ となっている．これは，デカルト木の定義が，根ノードの左右の部分木に対応する配列が元の配列の連続する部分配列になっていることからすぐに分かる．つまり，通りがけ順が $i$ のノードに対応する超過配列の要素が求まればよい．ただ，この変換を $o(n)$ ビットのデータ構造で行うことは難しそうである．

しかし，よく知られた 2 分木と一般の順序木の間の変換を用いると，これが実現できる．デカルト木 $T$ を次のように変換し，新しい木 $T''$ を作成する．$T$ の根ノードから右へ下りていくパス上のノード全てを，この順番に $T''$ の根ノードの子とする．これらのノードが左の子を持つ場合には，同様に繰り返す．図 5.4 は例である．

この変換を行うと，各ノードに対し，$T$ での通りがけ順と $T''$ での帰りがけ順 (postorder) は一致する．なお，$T''$ のノード数は $T$ より 1 多く，$T''$ の根ノードは対応する $T$ のノードを持たない．

**補題 5.10** 配列 $A[1..n]$ に対する木 $T''$ の超過配列 $E$ を表現するビットベクトル $B[1..2n+2]$ を用いて $z = RMQ_A(x, y)$ は次のように計算できる．

$$x' = select_0(B, x)$$
$$y' = select_0(B, y)$$
$$z' = RMQ_E(x', y')$$
$$z = rank_0(B, z')$$

**証明:** 帰りがけ順は DFS においてそのノードを最後に訪れるときに定義される．つまり超過配列中での位置はそのノードの終了時刻となる．$B$ においてノードの終了時刻の位置と 0 の位置が対応するため，$A[x]$ に対応する $B$ の位置は $x' = select_0(B, x)$ で求まる．$y$ も同様である．$w := lca_T(x, y)$ とする．また，$T$ での $w$ の左右の子をそれぞれ $w_\ell, w_r$ とする．$T''$ においては，$w_\ell$ は $w$ の子で，$w_r$ は $w$ の右の兄弟となる．また，$T''$ において $y$ は $w$ の兄弟 $w'$

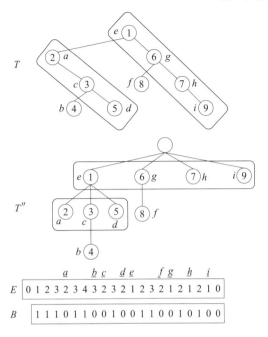

**図 5.4** デカルト木 $T$ と変換した木 $T''$, その超過配列 $E$, $E$ を表すビット列 $B$.

の子孫（$w'$ 自身の場合もある）となる．$E[x'..y']$ での最小値は，$w$ から $w'$ の左までの兄弟での終了時刻に存在する．RMQ は最も左にある値を返すため，それは $w$ の終了時刻 $f(w)$ となる．つまり，$f(w) = z'$ となる．$z = rank_0(z')$ で $w$ の $T''$ での帰りがけ順が求まり，それは $A$ での最小値の位置と等しい．□

以上の結果より，次の定理を得る．

**定理 5.4（データ構造 RMQ [34]）** サイズ $n$ の RMQ 問題に対する計算量 $\langle 2n + O(n \lg \lg n / \lg n), O(n), O(1) \rangle$ のデータ構造が存在する．

## 5.8 サイズの下限

本節では，RMQ 問題のデータ構造の情報理論的下限を与える．

**定理 5.5** 長さ $n$ の配列での RMQ 問題に対するデータ構造のサイズの情報理論的下限は $\lg\left(\frac{1}{n+1}\binom{2n}{n}\right) = 2n - \Theta(\lg n)$ ビットである.

**証明:** デカルト木は,配列の任意の部分配列での最小値の位置が分かれば作成できるが,RMQ データ構造はそれを求めることができるため,RMQ データ構造からデカルト木は復元できる.また,ノード数 $n$ の任意の 2 分木はある配列のデカルト木となる.これを帰納法で示す.$n=1$ のときは成り立つ.$1 \leq n < N$ の全ての $n$ で成り立つとき,ノード数 $N$ の 2 分木 $T$ を考えると,$T$ の左右の部分木はノード数が $N$ 未満なので帰納法の仮定よりある配列のデカルト木である.$T$ をデカルト木にするには,根ノードに対応する配列の値を,左右の部分木に対応する配列の値よりも小さく設定すればよい.よって,$T$ もある配列のデカルト木となる.ノード数 $n$ の異なる 2 分木は $\frac{1}{n+1}\binom{2n}{n}$ 種類存在するため,RMQ データ構造のサイズの情報理論的下限はその対数をとった値となる. □

つまり,定理 5.4 のデータ構造は簡潔である.

## 5.9 文献ノート

LCA 問題の $O(n \lg n)$ ビット領域,定数時間アルゴリズムは Harel, Tarjan [57] によって示された.また,Schiever, Vishkin [101] は同じ計算量でより簡単なものを提案している.LCA 問題と RMQ 問題の関係については Gabow ら [42] によって示された.デカルト木は Vuillemin [106] による.LCA 問題の並列アルゴリズムは Berkman ら [14] によって与えられた.しかしこれらのアルゴリズムはどれも複雑であった.LCA 問題および RMQ 問題に対するシンプルなアルゴリズムは Bender, Farach-Colton [11] によって提案された.このアルゴリズムは [14] に基づくものである.

±1 RMQ 問題に対する最初の簡潔データ構造は Sadakane [96] による.このデータ構造のサイズは $2n + O(n(\lg \lg n)^2/\lg n)$ ビットである.一般の RMQ 問題に対する $4n + o(n)$ ビットデータ構造は Sadakane [99] による.なお,本書で説明した再帰的なデータ構造は定兼, 渡邉 [108] によるものである.一般の

RMQ 問題に対する最適 $(2n + \mathrm{o}(n))$ ビットデータ構造は Fischer, Heun [40] による. サイズの下限の証明も [40] による. なお，本書で説明した $2n + \mathrm{o}(n)$ ビットデータ構造は [40] をさらに単純化した Ferrada, Navarro [34] のものである. これらのデータ構造は第 6 章の簡潔順序木を用いているとも言えるが, 説明したアルゴリズムは順序木の上での複雑な操作を用いないため，自己完結した説明になるようにした．なお，ここで用いている超過配列は第 6 章のものと同一である．LCA 問題と RMQ 問題に対する最良のデータ構造は Navarro, Sadakane [87] による $2n + \mathrm{O}(n/\lg^c n)$ ビット（$c$ は任意の正定数）のものである（第 6.5 節参照）.

# 第6章

# 順序木

　本章では，順序木の3つの代表的な簡潔データ構造を説明する．LOUDS 表現はビットベクトルでの $rank/select$ のみで実現できるため，実装は容易であるが，実現可能な演算に限りがある．BP 表現と DFUDS 表現では，LOUDS 表現では効率的に行えない操作を実現可能であるが，複雑な索引が必要となるためこれを説明する．さらに，BP 表現の簡単なデータ構造と動的なデータ構造についても説明する．

## 6.1 順序木の基本操作

　$n$ ノードの根付き順序木を考える．そのような木は例 2.4 にあるように $C_{n-1} = \frac{1}{n}\binom{2(n-1)}{n-1}$ 個存在し，木の表現サイズの情報理論的下限は $2n - \Theta(\lg n)$ ビットである．一方，通常のデータ構造では木構造を子ノードや親ノードへのポインタで表現する．1つのポインタは $\Theta(\lg n)$ ビットであるため，木構造を表現するには $\Theta(n \lg n)$ ビット必要であり，サイズの下限よりはるかに大きい．また，順序木の上で行う操作としては，子や親への移動の他に，あるノードの子孫の数を求めたり，第5章で扱った最近共通祖先を求める操作などがある．これらの操作を効率的に行うためのデータ構造も多くの場合は $O(n \lg n)$ ビット必要であり，必要な領域がさらに増えてしまう．

　順序木の上で行う操作を表 6.1, 6.2 にまとめる．これらを効率よく実行できる簡潔データ構造を考える．

表 6.1　簡潔順序木に対する基本操作.

| 操作 | 説明 |
| --- | --- |
| $parent(x)$ | $x$ の親 |
| $firstchild(x), sibling(x)$ | $x$ の最初の子，次の弟 |
| $lastchild(x)$ | $x$ の最後の子 |
| $isleaf(x)$ | $x$ が葉かどうかを yes/no で返す |
| $isancestor(x, y)$ | ノード $x$ がノード $y$ の祖先かどうかを yes/no で返す |
| $desc(x)$ | $x$ の子孫の数 |
| $depth(x)$ | $x$ の深さ |
| $preorder\_rank(x)$ | $x$ の行きがけ順 |
| $preorder\_select(i)$ | 行きがけ順が $i$ であるノード |
| $postorder\_rank(x)$ | $x$ の帰りがけ順 |
| $postorder\_select(i)$ | 帰りがけ順が $i$ であるノード |
| $leaf\_rank(x)$ | 行きがけ順で $x$ 以前に現れる葉の数 |
| $leaf\_select(i)$ | $i$ 番目の葉 |
| $leftmost\_leaf(x)$ | $x$ を根とする部分木中で一番左の葉 |
| $rightmost\_leaf(x)$ | $x$ を根とする部分木中で一番右の葉 |
| $inorder\_rank(x)$ | $x$ の通りがけ順 |
| $inorder\_select(i)$ | 通りがけ順が $i$ であるノード |
| $lca(x, y)$ | ノード $x$ と $y$ の最近共通祖先 |
| $LA(x, d)$ | $x$ の $d$ 個上の祖先（深さ指定祖先，$level\text{-}ancestor$） |

表 6.2　簡潔順序木に対する拡張操作.

| 操作 | 説明 |
| --- | --- |
| $deepest\_node(x)$ | $x$ を根とする部分木中で一番深いもの |
| $height(x)$ | $x$ の高さ（$deepest\_node(x)$ までの距離） |
| $level\_leftmost(d)$ | 深さ $d$ のノードで一番左のもの |
| $level\_rightmost(d)$ | 深さ $d$ のノードで一番右のもの |
| $level\_next(x)$ | 幅優先順で次のノード |
| $level\_prev(x)$ | 幅優先順で直前のノード |
| $degree(x)$ | $x$ の子の数（次数） |
| $child(x, i)$ | $x$ の左から $i$ 番目の子 |
| $childrank(x)$ | $x$ がその親の左から何番目の子であるか |

## 6.2 LOUDS 表現

### 6.2.1 LOUDS 表現の定義

**LOUDS 表現**[*1] (level-order unary degree sequence representation) は，順序木の簡潔表現である．$n$ ノードの木は $n$ 個の 1 と $n+1$ 個の 0 の合計 $2n+1$ ビットで以下のように符号化される．まず，根ノードの仮想的な親を表すビット列 10 を書く．それに続けて，木のノードを幅優先順（レベル順）で符号化する．次数（子の数）が $d$ のノードは $d$ 個の 1 とそれに続く 1 つの 0，つまり $d$ の 1 進数符号 (unary code) で表される．葉は子を持たないため 0 で表される．図 6.1 は，LOUDS 表現の例である．

LOUDS 表現では，木は上のように定義したビットベクトル $L[1..2n+1]$ で

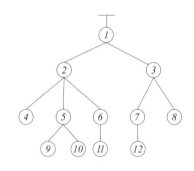

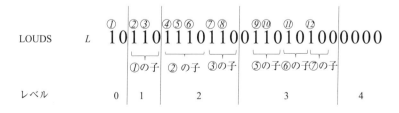

図 6.1　順序木の LOUDS 表現.

---

[*1] ラウズと読む．

表される．根ノードのレベルを 0 とし，その子のレベルを 1, それらの子のレベルを 2,… とする．ビット列 $L$ を，同じレベルのノードに対する次数の 1 進数符号の集合に分割する．ただし，レベル $i$ のノードの符号に対応するビット列のレベルは $i+1$ とする．ビット列のレベル 0 は仮想的な親のビット列 10 とする．すると次の性質が成り立つ．

**補題 6.1** 各レベル $i \geq 0$ に対し，$L$ のレベル $i$ のビット列中の 1 の数と，レベル $i$ のノード数は等しく，これは $L$ のレベル $i+1$ のビット列中の 0 の数とも等しい．

**証明:** レベル $i \geq 0$ のノードの次数を表す符号は $L$ のレベル $i+1$ に格納され，それらの表す値の和は，レベル $i+1$ のノード数を表している．符号は 1 進数符号であるため，値の和と 1 の数は等しい．つまり，$L$ のレベル $i+1$ のビット列中の 1 の数と，レベル $i+1$ のノード数は等しい．なお，これはレベル 0 でも成り立つ．また，レベル $i$ の各ノードに対し，$L$ のレベル $i+1$ のビット列内に 1 つの 1 進数符号があり，1 進数符号内には 0 が 1 つだけ存在するため，そのレベルの符号の数だけ 0 がある．つまり，レベル $i$ のノード数と $L$ のレベル $i+1$ のビット列中の 0 の数は等しい．以上より成り立つ． □

この補題より，$L$ 内の レベル 1 以上の 0 の数は全体のノード数と等しく，それはレベル 0 以上の 1 の数とも等しい．レベル 0 には 0 が 1 つあるため，$L$ の長さは $2n+1$ となる．また，レベル $i$ のノード数と $L$ のレベル $i$ の 1 の数が等しいため，$L$ の中の 1 のビットの位置を用いてノードを表すことにする．ノードは幅優先順に番号が付けられ，$i$ 番目 $(i \geq 1)$ のノードは $L$ の $i$ 番目の 1 の位置で表すことにする．$bfs\_rank(x)$ をビット列中の位置 $x$ で表されるノードの幅優先順を求める関数，$bfs\_select(i)$ を幅優先順で $i$ 番目 $(i \geq 1)$ のノードを表すビット列の位置を求める関数とすると，これらは次のようになる．

$$i = bfs\_rank(x) \equiv rank_1(L, x)$$
$$x = bfs\_select(i) \equiv select_1(L, i)$$

以下ではノードはビット列中の位置 $x$ で表されるとする．

## 6.2.2 LOUDS を用いた木の演算

補題 6.1 の関係を利用し，各種の木の演算が行える．その中で重要なのは，$L$ 中の位置 $x$ のノードの親の幅優先順を求める $parent\_rank$ 関数と，幅優先順が $i$ のノードの最初の子の $L$ 中の位置を求める $first\_child\_select$ 関数である．

**補題 6.2** 幅優先順が $i$ のノードの最初の子の $L$ 中の位置を $x$ とすると

$$i = parent\_rank(x) \equiv rank_0(L, x-1)$$
$$x = first\_child\_select(i) \equiv select_0(L, i) + 1$$

が成り立つ．

なお，幅優先順が $i$ のノードが子を持たない場合にもこの関数を定義するために，そのノードの次数 0 を表す 1 進数符号 0 の位置を最初の子の位置とみなす．

**証明:** レベルに関する帰納法で示す．レベル 0 のノードは根のみであり，幅優先順は $i = 1$ である．このとき $x = select_0(L, i) + 1 = 3$ であり，これはレベル 1 の左端のノード，つまりレベル 0 のノードの長男である．また，$rank_0(L, x-1) = 1$ であり，これは親の幅優先順となり成立する．レベル 0 から $\ell$ まで成り立っていると仮定し，レベル $\ell$ のノードとそのレベル $\ell+1$ の長男の間でも成り立つことを示す．帰納法の仮定より，レベル $\ell-1$ の右端のノード $x$ (幅優先順を $j$ とする) と，その長男 $y$ について $y = first\_child\_select(j) = select_0(L, j) + 1$，$j = parent\_rank(y) = rank_0(L, y-1)$ が成り立つ．レベル $\ell$ の左端のノード $z$ の幅優先順は $j+1$ で，その次数は $L$ のレベル $\ell+1$ の左端に格納されている．$x$ の子ノードたちに対応する $L$ の位置と，$z$ の長男 $w$ に対応する $L$ の位置の間には，0 が 1 つだけ存在する ($L$ のレベル $\ell$ の右端)．つまり $x$ と $z$ の幅優先順は 1 違い，$L$ ではそれらの長男に対応する $L$ の位置の間には 0 が 1 つだけ存在する．よって $z$ と $w$ に関しても $first\_child\_select(j+1) = select_0(L, j+1) + 1$，$parent\_rank(w) = rank_0(L, w-1)$ が成り立つ．補題 6.1 より，レベル $\ell$ のノード数とレベル $\ell+1$ の 0 の数は等しく，ノードの次数は幅優先順に格納されているため，レベル $\ell+1$ で $w$ の右にある各ノードに関しても成り立つ．以

上より全てのノードに対して成り立つ. □

順序木上の操作で, LOUDS 表現で実現できるものは以下のものである. なお, $rank/select$ の引数の $L$ は省略している.

- $isleaf(x)$: if $L[\mathit{first\_child\_select}(\mathit{bfs\_rank}(x))] = 0$ then yes else no
- $parent(x)$: $\mathit{bfs\_select}(\mathit{parent\_rank}(x))$
- $firstchild(x)$: $y = \mathit{first\_child\_select}(\mathit{bfs\_rank}(x))$, if $L[y] = 0$ then $-1$ else $y$
- $lastchild(x)$: $y = select_0(\mathit{bfs\_rank}(x) + 1) - 1$, if $L[y] = 0$ then $-1$ else $y$
- $sibling(x)$: if $L[x+1] = 0$ then $-1$ else $x+1$
- $degree(x)$: if $isleaf(x)$ then $0$ else $lastchild(x) - firstchild(x) + 1$
- $child(x, i)$: if $i > degree(x)$ then $-1$ else $firstchild(x) + i - 1$
- $childrank(x)$: $x - firstchild(parent(x)) + 1$
- $bfs\_rank(x)$: $rank_1(x)$
- $bfs\_select(i)$: $select_1(i)$

これらの操作は全て $L$ 上の $rank$ と $select$ で実現されるため, 定数時間である.

以上より次の定理が成り立つ.

**定理 6.1 (データ構造 LOUDS [64])**　データ構造 LOUDS は $n$ ノードの順序木を $2n + O(n \lg \lg n / \lg n)$ ビットで表現し, 上記の基本操作を語長 $\Omega(\lg n)$ の word-RAM で定数時間で行える.

LOUDS の利点は, 全ての処理が $rank$ と $select$ で実現されるため, 以降で説明する他の簡潔表現よりも実用上高速であることと, ラベル付き木を表現する場合に CPU キャッシュが利きやすいことである. 欠点としては, 実現できない操作が多いということである. 特に $depth$ や $lca$ が必要な場合には使えない. ただしこれらの操作は定数時間ではないが実現は可能である.

- $depth(x)$: if $x = 1$ then $0$ else $1 + depth(parent(x))$
- $lca(x, y)$: if $x = y$ then $x$ else $lca(\min\{x, y\}, parent(\max\{x, y\}))$

これらは木の高さに比例する時間で求まる.

### 6.2.3 LOUDS を用いたラベル付き木

LOUDS を用いると，ラベル付き木を簡単に実現できる．ラベル付き木とは，根付き木で各枝にラベルが付いているものである．ラベルは集合 $\mathcal{A}$ の要素で，$|\mathcal{A}| = \sigma$ とする．なお，$\sigma$ は 2 のべき乗とする．

ラベル付き木 $T$ は $T$ の LOUDS 表現 $L$ と，ラベルを格納する配列 $C[1..n]$ で表現できる．枝 $(u,v)$ のラベル $c$ は，$v$ の方が $u$ より深さが深いとすると，$v$ の幅優先順を用いて配列 $C$ に格納する．つまり $C[bfs\_rank(v)] = c$ とする．なお，$C[1]$ は未使用である．図 6.2 は LOUDS を用いたラベル付き木の例である．木のノードと，そのノードを指している枝（枝は根から葉の方向に向きが付いているとみなす）のラベルの関係を分かりやすくするために配列 $C$ は間隔をあけて書いてあるが，実際には左詰めで格納する．

ラベル付き木の演算としては，ノード $x$ から出ている枝で，ラベルが $c$ のものをたどった先のノードを求める $child(x, c)$ が重要である．アルゴリズム 6.1 に擬似コードを与える．このアルゴリズムでは，$x$ から出ている枝を左から順に見ていき，その枝のラベルが $c$ であるものを見つけたときにそれを返す．$x$

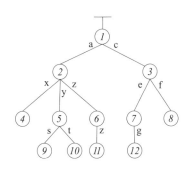

図 6.2 LOUDS を用いたラベル付き木．

**アルゴリズム 6.1** $child(x,c)$: $x$ の子でラベル $c$ を持つものを返す

1: $w \leftarrow \mathit{firstchild}(x)$, $r \leftarrow \mathit{bfs\_rank}(w)$, $k \leftarrow 0$
2: **while** $L[w+k] \neq 0$ **do**
3:     **if** $C[r+k] = c$ **then**
4:         **return** $w+k$
5:     **end if**
6:     $k \leftarrow k+1$
7: **end while**
8: **return** $-1$

から出ている枝のラベルは配列 $C$ 中で連続した位置にあるため，CPU キャッシュが利き高速に求められる．なお，ラベルの種類 $\sigma$ が大きく，ラベル間に全順序が付いている場合にはノードから出ている枝をラベルの全順序に従って並べておけば，2分探索をすることもできる．よって，次の補題が得られる．

**補題 6.3** ノード数 $n$，ラベルの種類 $\sigma$ のラベル付き木は $n(2 + \lg \sigma) + \mathrm{O}(n \lg \lg n / \lg n)$ ビットで表現でき，$child(x, c)$ は $\mathrm{O}(\lg \sigma)$ 時間で求まる．

## 6.3 括弧列 (BP) 表現

順序木の簡潔データ構造の中で最も有名なものは 括弧列表現 (Balanced Parentheses representation, BP 表現) である（図 6.3 参照）．

### 6.3.1 BP 表現の定義

木 $T$ の根ノードの部分木をそれぞれ $T_1, T_2, \ldots, T_d$ と表すと，$T$ に対する括弧列表現 $BP(T)$ は次のように定義される．

**定義 6.1**

$$BP(T) = \begin{cases} () & (T \text{ が1ノードのみ}) \\ (\ BP(T_1)BP(T_2)\cdots BP(T_d)\ ) & (\text{それ以外}) \end{cases}$$

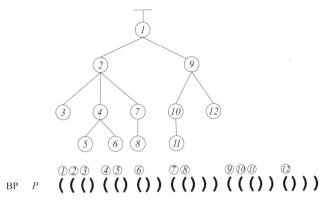

**図 6.3** BP による順序木の表現.

つまり，木の各ノードは開括弧 [( と閉括弧 )] で表され[*2]，そのノードを根とする部分木はその括弧の中に符号化されている．この定義から，括弧列では括弧の対応がとれている (balanced) ことが分かる．

$BP(T)$ を表す括弧列を $P[1..2n]$ とする．木の内部ノード，葉ノードはどちらもそれに対応する開括弧の位置で表される．さらに，その位置 $x$ とノードの行きがけ順 (preorder) $p$ は互いに定数時間で変換できる．

$$p = preorder\_rank(x) \equiv rank_{[(}(x)$$
$$x = preorder\_select(p) \equiv select_{[(}(p)$$

木の上での操作を行うために，$P$ 上での基本的な演算を定義する．

- $findclose(x)$: $P[x]$ にある開括弧に対応する閉括弧の位置を返す．
- $findopen(x)$: $P[x]$ にある閉括弧に対応する開括弧の位置を返す．
- $enclose(x)$: $P[x]$ にある開括弧とそれに対応する閉括弧を囲う最小の括弧対の開括弧の位置を返す．

これらの実現法は第 6.3.2 項で述べる．

木の上での基本操作は次のように実現できる．

---

[*2] 通常の意味の括弧と区別するために，四角で囲ってある．

- $isleaf(x)$: if $P[x+1] = )$ then yes else no
- $parent(x)$: $enclose(x)$
- $isancestor(x, y)$: if $x \leq y \leq findclose(x)$ then yes else no
- $firstchild(x)$: if $isleaf(x)$ then $-1$ else $x+1$
- $lastchild(x)$ if $isleaf(x)$ then $-1$ else $findopen(findclose(x)-1)$
- $sibling(x)$: $y = findclose(x)+1$, if $P[y] = )$ then $-1$ else $y$
- $depth(x)$: $rank_{(}(x) - rank_{)}(x) = 2rank_{(}(x) - x$ (根ノードの深さを 1 とする)
- $desc(x) = (findclose(x) - x + 1)/2$
- $leftmost\_leaf(x) = succ_{()}(x)$
- $rightmost\_leaf(x) = pred_{()}(findclose(x))$
- $leaf\_select(i) = select_{()}(i)$
- $leaf\_rank(x) = rank_{()}(x)$

また，行きがけ順だけでなく，帰りがけ順 (postorder) や通りがけ順 (inorder) も求まる．

$$p = postorder\_rank(x) \equiv rank_{)}(findclose(x))$$

$$x = postorder\_select(p) \equiv findopen(select_{)}(p))$$

なお，通りがけ順は通常は 2 分木にのみ定義されるが，その定義を次のように拡張する．

**定義 6.2 (順序木の通りがけ順)** 順序木 $T$ の内部ノード $v$ の通りがけ順は，木の深さ優先探索を行う際に $v$ の子ノードから $v$ に移動し，次に $v$ の別の子に移動する際に定義され，その値はそれまでに定義された通りがけ順の個数 $+1$ である．

葉と，子が 1 つのノードには通りがけ順は定義されない．また，子の数が $k$ の内部ノードは $k-1$ 個の通りがけ順を持つ．通りがけ順は次のようにして求まる．

**補題 6.4** $x$ をある内部ノードの開括弧の位置，$i$ をそのノードの通りがけ順のうちで最小のものとする．すると $x$ と $i$ は次の式で定数時間で変換できる．

$$i = \mathit{inorder\_rank}(x) \equiv \mathit{rank}_{\texttt{[)]}}(\mathit{findclose}(x+1))$$
$$x = \mathit{inorder\_select}(i) \equiv \mathit{enclose}(\mathit{select}_{\texttt{[)]}}(i)+1)$$

**証明:** ある内部ノード $v$ に対し，$v+1$ は $v$ の長男 $w$ の開括弧を表す．よって $u = \mathit{findclose}(v+1)$ は $w$ の閉括弧を表し，$w$ を根とする部分木は BP 表現の $P[v+1..u]$ で表現されている．あるノードの通りがけ順は木の深さ優先探索により与えられるが，その際の動きは根から葉方向へ向かうパスと，その反対向きのパスに分割できる．そしてノードに通りがけ順が与えられるときは，ある葉 $\ell$ からそのノードまでの上に向かうパスで移動し，そこから葉に向かうパスに移動するときである．つまりノード $v$ の通りがけ順（複数ある場合はその中で最小のもの）は $v$ の長男 $w$ の部分木の中の最後の葉のランクに等しく，それは $\mathit{rank}_{\texttt{[)]}}(u)$ で計算できる．

一方，定義より，通りがけ順が $i$ であるようなノード $v$ の括弧列での位置は，深さ優先探索中で木の枝を根方向へたどり，その直後に葉方向にたどる操作を括弧列上で $i$ 回目に行った場所である．この動きは括弧列では $\texttt{)[}$ で表現される．よって，$x = \mathit{select}_{\texttt{[)]}}(i)$ とすると，$x+1$ は $v$ の子の位置を表す．つまり $\mathit{enclose}(x+1)$ が $v$ の開括弧の位置となる． $\square$

つまり，表 6.1 の操作の 1 つ目のグループ（*parent* から *desc*）は *findclose*, *findopen*, *enclose* のみで実現でき，2 つ目のグループ（*depth* から *inorder_select*）はそれに括弧のパタンに対する *rank/select* の索引を追加することで実現できる．3 つ目のグループ（*lca* と *LA*）を実現するには，第 6.3.4 項と第 6.5 節の索引が必要である．

LOUDS にはない BP の特徴としては，ノードの深さ $\mathit{depth}(x)$ と部分木のサイズ $\mathit{desc}(x)$ が定数時間で求まるということである．しかも，$\mathit{depth}(x)$ は *rank* 演算 1 回で求まるので実用上も高速である．また，第 6.5 節で述べるように，その他様々な演算が定数時間で可能である．欠点としては，ビット列での *rank* と *select* だけでは演算が実現できず，アルゴリズムやデータ構造が複雑になることと，子ノードの情報が連続した領域に無いため CPU キャッシュが利きにくくなることである．

括弧 $P[x]$（開括弧または閉括弧）にマッチする括弧の位置を $\mu(x)$ で表す．木

の BP 表現を与える際に重要な性質は，木のノード $x$ に対応する区間 $[x, \mu(x)]$ がラミナー族 (laminar family) を成すことである．

**補題 6.5** 木のノードに対応する区間の族 $\{[x, \mu(x)] \mid x \in T\}$ はラミナー族を成す．つまり，任意の $x, y \in T$, $x \neq y$ に対し，$[x, \mu(x)] \cap [y, \mu(y)] = \emptyset$, $[x, \mu(x)]\setminus[y, \mu(y)] = \emptyset$, または $[y, \mu(y)]\setminus[x, \mu(x)] = \emptyset$ が成り立つ．

つまり，$[x, \mu(x)]$ と $[y, \mu(y)]$ は重ならないか，一方がもう一方に含まれるかである．これは，$x$ と $y$ がそれらとは異なる共通の祖先を持つか，どちらかがもう一方の祖先であることに対応する．証明は，BP 表現が再帰的に定義されていることから明らかである．

### 6.3.2 *findclose* のデータ構造

長さ $2n$ の BP 表現 $P$ において *findclose*$(p)$ を定数時間で求める $O(n \lg \lg n / \lg n)$ ビットの簡潔索引を与える．

$P$ を長さ $s = \frac{1}{2} \lg n$ のブロックに分割する．括弧 $P[x]$ を含むブロックの番号を $b(x)$ で表す $(1 \leq x \leq 2n)$．なお，$1 \leq b(x) \leq n/s$ で，$s \cdot (b(x) - 1) + 1 \leq x \leq s \cdot b(x)$ である．$b(x) \neq b(\mu(x))$ のとき，括弧 $P[x]$ は遠距離であるといい，そうでないときは近距離であるという．

$p$ を遠距離開括弧の位置，$q$ を括弧列中で $p$ の直前の遠距離開括弧の位置とする．$b(\mu(p)) \neq b(\mu(q))$ のとき，$p$ は**開パイオニア**であるという．同様に，$p$ が遠距離閉括弧，$q$ がその直後の遠距離閉括弧で，$b(\mu(p)) \neq b(\mu(q))$ のとき，$p$ は**閉パイオニア**であるという．単にパイオニアといった場合は開パイオニアと閉パイオニアの両方を指す．また，括弧列の一番外側の括弧対もパイオニアとする．なお，パイオニアにマッチする括弧はパイオニアとは限らない．図 6.4 はパイオニアの例である．$p$ が開パイオニアの場合，$p$ の直前の遠距離開括弧は $q_1, q_2, q_3$ の 3 パタンが考えられる．$q_1$ は $p$ と同じブロックの場合である．この場合，$q_1$ は遠距離なので $[q_1, \mu(q_1)]$ は $[p, \mu(p)]$ を囲うことになる．$p$ がパイオニアなので，$b(\mu(q_1))$ は $b(\mu(p))$ よりも右に存在する．$q_2, q_3$ は $p$ とは異なるブロックの場合で，$q_2$ は $p$ を囲う場合，$q_3$ は $p$ と重ならない場合である．また，$p'$ はパイオニアでない．なぜなら，$p'$ の直前の遠距離開括弧 $p$ に

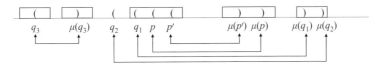

**図 6.4** 開パイオニアの例. $p$ はパイオニアだが $p'$ はパイオニアではない.

対し, $b(\mu(p)) = b(\mu(p'))$ だからである.

**補題 6.6** BP 表現が $\beta$ 個のブロックに分割されたとき, 開パイオニアと閉パイオニアの数はそれぞれ $2\beta - 3$ 個以下である.

**証明:** パイオニアグラフと呼ばれるグラフを作成する. グラフのノードはブロック $1, \ldots, \beta$ に対応し, 全ての開パイオニアの位置 $p$ に対してグラフの枝 $(b(p), b(\mu(p)))$ を作る. するとこのグラフは外平面グラフになり, 並列枝を持たない. よって枝の数, つまり開パイオニアの数は $2\beta - 3$ 以下である. 閉パイオニアについても同様. □

全てのパイオニアと, それらにマッチする括弧を**パイオニア族**と呼ぶ.

**補題 6.7** 各ブロックの最初の遠距離開括弧と最後の遠距離閉括弧はパイオニア族に含まれる.

この補題は, ある括弧対が遠距離の場合, そのブロック内のパイオニア族を手がかりにして各種演算を行えることを意味する.

**証明:** あるブロックの最初の遠距離開括弧 $p$ が閉パイオニアにマッチする開括弧であることを背理法で示す. $\mu(p)$ が閉パイオニアではないと仮定する. その直後の遠距離閉括弧を $\mu(q)$ とするとパイオニアの定義より $b(p) = b(q)$ となる. しかし $\mu(p) < \mu(q)$ であるから $q < p$ となり ($p < q$ ならば $\mu(p) < q < \mu(q)$ となるが, この場合 $q$ と $\mu(q)$ が同じブロックになり遠距離であることに反する), $p$ と同じブロックで $p$ よりも前に遠距離括弧があることになり矛盾する. ブロックの最後の遠距離閉括弧の場合も同様である. □

$P$ の中でパイオニア族の括弧のみを取り出すと再びバランスした括弧列 $P'$ になり, その長さは高々 $4\beta - 6 = O(n/\lg n)$ である.

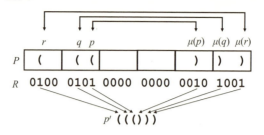

**図 6.5** $findclose(P, p)$ の再帰構造

**アルゴリズム 6.2** $findclose(P, p)$: $P[p]$ の開括弧に対応する閉括弧の位置を返す

1: $b(p)$ 内に $\mu(p)$ があるかを表を用いて判定する．ある場合はその位置を返す．
2: $p^* \leftarrow pred(R, p+1)$　　　　　　　▷ $p^*$ は $p$ の直前（$p$ を含む）のパイオニア族
3: $q^* \leftarrow select(R, findclose(P', rank(R, p^*)))$
4: **if** $p = p^*$ **then**
5: 　　**return** $q^*$
6: **end if**
7: $b(q^*)$ 内で深さが $depth(p) - depth(p^*) + depth(q^*)$ である位置で最も左のものを表を用いて計算し，それを返す．

$P$ で $findclose$ を求めるためのデータ構造は以下の要素で構成される．

- $P$ 自身（$2n$ ビット）
- $P$ のパイオニア族に属する括弧の位置を示すビットベクトル $R$（$R[x] = 1 \iff P[x]$ はパイオニア族）を表現するデータ構造 FID（$O(n \lg \lg n / \lg n)$ ビット）
- パイオニア族の括弧列 $P'$ で $findclose$ を求める再帰的なデータ構造（$O(n/\lg n)$ ビット）
- ブロック内で $findclose$ を求めるための表

図 6.5 はデータ構造の例である．なお，図の中の $q$ はパイオニアではないが，$\mu(q)$ が閉パイオニアであるため $q$ もパイオニア族に含まれる．

アルゴリズム 6.2 は $findclose(P, p)$ の擬似コードである．まず，$\mu(p)$ が $b(p)$ 内にあるかどうかを表引きで調べる．ない場合，つまり遠距離括弧の場合は，$p$

**図 6.6** $findclose(P, p)$ の証明. $q$ は $p$ と同じブロックの遠距離開括弧だが, $P[p^*]$ が閉括弧だと仮定すると $q$ と $p$ の間に遠距離括弧対 $(\mu(p^*), p^*)$ が存在することになり矛盾.

の直前 ($p$ を含む) のパイオニア族 $p^*$ を求める. これは $p^* = pred(R, p+1)$ で求まる*3. なお, $P[p^*]$ は必ず開括弧となっている. まずこれを示す (図 6.6 参照). $p$ がパイオニア族でないとき, 補題 6.7 より, $b(p)$ 内の最初の遠距離開括弧はパイオニア族である. この位置を $q$ とすると, $q < p$ であり, $[q, \mu(q)]$ は $[p, \mu(p)]$ を囲っている. $p^*$ は $p$ の直前 ($p$ を含む) のパイオニア族であり, $q$ は $p$ より左にあるパイオニア族であるため, $q \leq p^*$ である. $P[p^*]$ が閉括弧だとすると, $q < p^* < p$ となり, ラミナー族であることから $q < \mu(p^*) < p^* < p$ となる. $b(q) = b(p)$ より, $b(\mu(p^*)) = b(p^*) = b(p)$ となり, $p^*$ が遠距離括弧という仮定に反する. なお, $p$ がパイオニア族のときは $p^* = p$ である. 以上より $P[p^*]$ は開括弧である.

$p^*$ はパイオニア族であるため, $p^*, \mu(p^*)$ は共に $P'$ に存在する. $P'$ での $findclose$ を用いて, $q^* = \mu(p^*)$ が求まる. $p = p^*$ のときにはこれが答えである. $p > p^*$ の場合は, $b(\mu(p^*)) = b(\mu(p))$ となる. なぜならば, もし $b(\mu(p^*)) \neq b(\mu(p))$ とすると, $p^* < q' < p$ となるある遠距離開括弧 $q'$ に対して $b(\mu(p^*)) \neq b(\mu(q'))$ となり, $q'$ がパイオニアとなるが, これは $p^*$ が $p$ の直前のパイオニア族であることに矛盾するからである. これらのノードに対して $depth(p) - depth(p^*) = depth(\mu(p)) - depth(\mu(p^*))$ が成り立つ. 左辺全体と右辺の第 2 項は定数時間で計算できるため, $depth(\mu(p))$ が求まる. $\mu(p)$ は $b(\mu(p^*))$ の中で指定された深さの閉括弧のうちで最も左にあるものである. これは表引きで定数時間で求まる. もしブロック内に同じ深さの閉括弧が複数ある場合, それらは木で同じ深さにあるノードを表す. つまり一番左の閉括弧以外は対応する開括弧は同じブロック内にあるため, 求めるものではない.

---

*3 $p+1$ になっている理由は, $p$ がパイオニア族のときにそれ自身を返すためである.

**アルゴリズム 6.3** $enclose(P, c)$: $P[c]$ の開括弧を囲う開括弧の位置 $p$ を返す

1: 表引きにより $p$ または $\mu(p)$ が $c$ と同じブロックにあるか調べる．あるならばそれを返す．
2: $c' \leftarrow succ(R, c-1)$     ▷ $c$ がパイオニア族のときは $c' = c$
3: **if** $P[c']$ が閉括弧 **then**
4:   $p' \leftarrow findopen(c')$
5: **else**
6:   $p' \leftarrow select(R, enclose(P', rank(R, c')))$
7: **end if**
8: $q \leftarrow succ(R, p')$
9: **if** $b(q) = b(p')$ **then**
10:   $p \leftarrow$ ($q$ の直前の遠距離開括弧)
11: **else**
12:   $p \leftarrow$ ($b(p')$ の中で最も右の遠距離開括弧)
13: **end if**
14: **return** $p$

括弧列 $P'$ は長さ $O(n/\lg n)$ である．これに対してパイオニア族を定義すると，その長さは $O(n/\lg^2 n)$ である．これに属する括弧全てに対して findclose の答えをそのまま格納しても $O(n/\lg n)$ ビットで収まる．よって再帰の深さは 2 段階でよく，findclose は定数時間で求まる．

findopen を求める索引は findclose で作成した $R, P'$ をそのまま用いる．違いは長さが $O(n/\lg^2 n)$ の括弧列に対して格納する findopen の答えの配列だけである．

### 6.3.3　*enclose* の計算

$p = enclose(P, c)$ はアルゴリズム 6.3 で求めることができる．なお，ビット列 $P, P', R$ は findclose と同じものを用いる．

**補題 6.8**　アルゴリズム 6.3 は *enclose* を定数時間で計算する．

**証明：**アルゴリズムの Step 1 で，もし $p$ または $\mu(p)$ が $c$ と同じブロックにあれば，表引きで定数時間で求まる．なければ $b(p) < b(c) < b(\mu(p))$ となり，$p$ と $\mu(p)$ は遠距離括弧となる．Step 3 で $P[c']$ が閉括弧の場合，$c$ と $c'$ の間

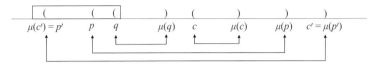

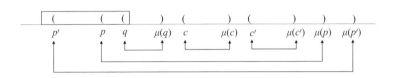

図 **6.7** $enclose(P, c)$ の証明. 上は $P[c']$ が閉括弧, 下は開括弧の場合.

にはパイオニア族はないため, $\mu(c') < c$ となる. そして $c'$ と $\mu(c')$ は $c$ を囲う最小のパイオニア括弧対である (図 6.7 参照). $P[c']$ が開括弧の場合, $c < c'$ と $c = c'$ の 2 つの場合がある. $c < c'$ の場合, $c$ と $c'$ の間にはパイオニア族はないため, $c'$ を囲うパイオニア族の開括弧は $c$ よりも左にある. それは $c'$ を囲んでいるため, $c$ も囲っていることになる. よって, $c$ を囲う最小のパイオニア括弧対と, $c'$ を囲う最小のパイオニア括弧対は同じものになる. これは $P'$ での再帰的な $enclose$ で求まる. $c = c'$ の場合, $c$ を囲う最小のパイオニア開括弧は $p'$ である. 全ての場合で, $p'$ は $c$ を囲う最小のパイオニア開括弧となる.

$P[c']$ が閉括弧の場合, $\mu(p)$ は $\mu(c)$ と $c' = \mu(p')$ の間に存在する. $P[c']$ が開括弧の場合, $\mu(p)$ は $\mu(c')$ と $\mu(p')$ の間に存在する. いずれの場合も $\mu(p')$ は $c$ を囲う最小のパイオニア括弧対であるため, $\mu(p)$ はパイオニアではない. つまり $p$ と $p'$ は同じブロックにあることが分かる. $p$ は遠距離開括弧であり, $c$ を囲む最小の括弧であるため, $p$ は $b(p')$ 中で最も右の遠距離開括弧となる. ただし $b(p')$ 内には $c$ を囲まない開パイオニア $q$ が存在する可能性がある. もし $q$ がブロック内に存在する場合は $p$ はその直前の遠距離開括弧となる. Step 10 ではこれを求めている. □

以上より, 次の定理を得る.

**アルゴリズム 6.4** $child(x, c)$: $x$ の子でラベル $c$ を持つものを返す

1: $y \leftarrow firstchild(x)$
2: **while** $y \neq -1$ **do**
3:    $r = preorder\_rank(y)$
4:    **if** $C[r] = c$ **then**
5:       **return** $y$
6:    **end if**
7:    $y \leftarrow sibling(y)$
8: **end while**
9: **return** $-1$

**定理 6.2 (データ構造 BP-G [45])** [*4] 長さ $2n$ の BP 表現において, $O(n \lg \lg n / \lg n)$ ビットの索引を用いて $findopen, findclose, enclose$ は語長 $\Omega(\lg n)$ の word-RAM の上で定数時間で求まる.

BP 表現を用いても, ラベル付き木は実現できる. アルゴリズム 6.4 は $child(x, c)$ を求めるアルゴリズムである. $sibling(y)$ を用いて, $x$ の子を順番に求め, 枝ラベルと $c$ を比較する. 枝ラベルは, ノード $y$ の行きがけ順 $preorder\_rank(y)$ を使って長さ $n$ の配列に格納する. なお, $findclose$ と $enclose$ だけでは $i$ 番目の子を定数時間で求めることができないため[*5], ラベルに関する 2 分探索は使えず, 計算量は $O(\sigma)$ となる. また, $x$ の子ノードに対するラベルは配列 $C$ 上で連続した領域には格納されないため, CPU キャッシュが利きにくいという問題がある.

## 6.3.4 最近共通祖先の計算

第 5.3 節で述べたように, 根付き木での最近共通祖先は木の超過配列 $E$ での RMQ に帰着できる. 実は, 超過配列を表すビット列 $B$ において, 1 を ⟨, 0 を ⟩ に変換すれば木の BP 表現 $P$ が得られる. つまり,

$$E[i] = rank_{⟨}(P, i) - rank_{⟩}(P, i)$$

が成り立つ. よって, 定理 5.2 のデータ構造 $RMQ^{\pm}$ がそのまま使え, さらに

---
[*4] G は Geary を表す.
[*5] 第 6.5 節の索引を使えばできる.

そのデータ構造で用いるビット列は木の BP 表現と共通でよい．

**補題 6.9** 順序木のノード $x, y$ $(x < y)$ の最近共通祖先 $z$ は木の BP 表現と $O(n \lg \lg n / \lg n)$ ビットの補助データ構造を用いて次のように定数時間で計算できる．

$$w = RMQ_E(x, y) + 1$$
$$z = parent(w)$$

**証明：** 補題 5.4 より，$m = RMQ_E(d(x), d(y))$ とすると，$m = d(x)$（$x$ の探索開始時刻，つまり $x$ の開括弧の位置）のとき，$z = x$ であり，それ以外のとき $m = f(v)$（$v$ の探索終了時刻）となる $z$ の子ノード $v$ が存在する．$z = x$ かどうかに拘わらず，$w = m + 1$ は $z$ の子の開括弧の位置であり，その親ノードが答えとなる． □

## 6.4 DFUDS 表現

DFUDS 表現 (depth-first unary degree sequence representation) は BP とは異なる括弧列による順序木の表現法である（図 6.8 参照）．サイズは BP と同じで $2n$ ビットである．DFUDS でもノードは開括弧と閉括弧で表現されるが，ノードごとにそれを表現する括弧の数は異なる．

### 6.4.1 DFUDS 表現の定義

まず，DFUDS 表現を定義するが，2 通りの定義が存在する．

**定義 6.3（DFUDS 表現の次数列による定義）** ある順序木の DFUDS 表現は，木の各ノードの次数を行きがけ順で 1 進数符号で，つまり，子の数が $d$ であるノードは，$d$ 個の開括弧 ( と 1 つの閉括弧 ) の列で符号化し，最後に先頭に 1 つの開括弧を追加したものである．

葉ノードは ) のみで表現される．各ノードはそれに対応する一番左の括弧の位置によって表される．その括弧は内部ノードの場合は ( であり，葉の場合は

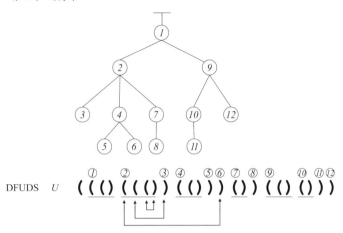

**図 6.8** DFUDS による順序木の表現. 括弧列 $U$ の下線は各ノードを表現する部分列の範囲を表す. 括弧列の下の矢印は, ノード 2 の子 $(3, 4, 7)$ を求める際の演算を表す.

$)$ である. 一番左の括弧列の位置を 0 とする. その位置の括弧は架空の根を表すため, 通常の根ノードの位置は 1 となる.

DFUDS 表現はその名の通り, 深さ優先探索順にノードの次数を 1 進数で符号化したものだが, 以下の方法で構成したものと見ることもできる.

**定義 6.4 (DFUDS 表現の再帰的な定義)** 1 つの葉のみからなる木は $($$)$ で表現される. ある木 $T$ の根ノードが $d$ 個の部分木 $T_1, \ldots, T_d$ を持つ場合, $T$ の DFUDS 表現は $d+1$ 個の $($, 1 つの $)$, $T_1, \ldots, T_d$ の DFUDS 表現 (ただし各部分木の DFUDS 表現の最初の $($ を削除したもの) を順に連結したものと定義する.

**補題 6.10** $n$ ノードの任意の順序木に対し, その DFUDS 表現の次数列による定義と再帰的な定義は一致し, 長さ $2n$ のバランスした括弧列になっている.

**証明:** 木が 1 つの葉のみからなる場合は, どちらの定義でも $($$)$ となり, バランスした長さ 2 の括弧列であり成り立つ. ノード数 $n \geq 1$ 以下の全ての木について補題が成り立つと仮定する. ノード数 $n+1$ の木が $d$ 個の部分木

$T_1, \ldots, T_d$ を持つとする．部分木のノード数は全て $n$ 以下である．再帰的な定義では，$T$ の DFUDS 表現は $d+1$ 個の (，1 つの )，$T_1, \ldots, T_d$ の DFUDS 表現の先頭の ( を削除したものを連結したものである．帰納法の仮定より，部分木を表す括弧列の先頭の ( を削除すると次数の 1 進数符号となっている．先頭の $d+1$ 個の (，1 つの ) は，次数列による定義での先頭のダミー開括弧，根ノードの次数 $d$ の 1 進数符号（$d$ 個の ( と 1 つの )）と対応するため，両方の定義での括弧列は等しくなる．$d$ 個の各部分木の表現からは先頭の ( を 1 つずつ削除してある．一方，括弧列の先頭には $d+1$ 個の ( と 1 つの ) があるため，全体ではバランスしている． □

## 6.4.2 DFUDS での基本操作

順序木の上での基本操作は DFUDS 列 $U[0..2n-1]$ を用いて次のように実現できる．DFUDS の利点としては，$i$ 番目の子を簡単に求められるということがある．一方，ノードの深さを求めることは難しい．

- $isleaf(x)$: if $U[x] =$ ) then yes else no
- $degree(x)$: $select_)(rank_)(x-1)+1) - x$
- $child(x, i)$: if $i > degree(x)$ then $-1$ else $findclose(x + degree(x) - i) + 1$
- $childrank(x)$: $select_)(rank_)(findopen(x-1))+1) - findopen(x-1)$
- $parent(x)$: $r \leftarrow rank_)(findopen(x-1))$, if $r = 0$ then 1 else $select_)(r) + 1$
- $leaf\_rank(x)$: $rank_{))}(x)$
- $leaf\_select(i)$: $select_{))}(i) + 1$
- $preorder\_rank(x)$: $rank_)(x-1) + 1$
- $preorder\_select(i)$: if $i = 1$ then 1 else $select_)(i-1) + 1$
- $inorder\_rank(x)$: $rank_{))}(child(x, 2) - 1)$
- $inorder\_select(i)$: $parent(select_{))}(i) + 2)$
- $leftmost\_leaf(x)$: $leaf\_select(leaf\_rank(x-1) + 1)$
- $rightmost\_leaf(x)$: if $U[x] =$ ) then $x$ else $findclose(enclose(x))$
- $desc(x) = (rightmost\_leaf(x) - x)/2 + 1$
- $isancestor(x, y)$: if $x \leq y \leq rightmost\_leaf(x)$ then yes else no

図 6.8 を用いて各演算を説明する．まず，$child(x, i)$ を考える．行きがけ順が 2 のノードは 3 つの子 3, 4, 7 を持つ．BP 表現ではこれらのノードを根とする部分木に対応する括弧列はバランスしているが，DFUDS 表現ではその最初の開括弧が削除され，代わりにそれらの親ノードの次数を表す開括弧として使われている．よって，各部分木の最後のノードを表す閉括弧に対応する開括弧はノード 2 の表現の中にある．ただし，2 の最初の開括弧は削除されているため，2 の最後の子の閉括弧に対応する開括弧は 2 の表現の中には存在しない．2 の $i$ 番目の子の位置は，$i-1$ 番目の子を根とする部分木の表現の直後にある．よって $child(x, i) = findclose(x + degree(x) - i) + 1$ となる．同様に，$parent(x)$ を求める場合，$x-1$ の閉括弧に対応する開括弧は $x$ の親の次数を表現しているため，その左端の位置を求めればよい．また，$rightmost\_leaf(x)$ は $x$ の弟の位置の直前だが，それは $x$ を囲う括弧の閉括弧の位置である．さらに，部分木のサイズは $x$ の位置と $rightmost\_leaf(x)$ の位置から求まる（先頭の開括弧が削除されていることに注意）．

## 6.4.3 最近共通祖先の計算

$T$ の DFUDS 表現を $U$ とする．$U$ の超過配列 $E$ を $E[i] = rank_{(}(U, i) - rank_{)}(U, i)$，つまり （$U[0..i]$ 中の $($ の数）$-$ （$U[0..i]$ 中の $)$ の数）と定義する．また，各値 $E[i]$ を **超過数** (excess value) と呼ぶ．なお，BP 表現では超過数は各ノードの深さに対応するが，DFUDS では直接は対応しない．しかし，DFUDS がノードを深さ優先探索順（行きがけ順）に格納しているため，超過配列は以下のような良い性質を持つ．

$T$ のある内部ノード $v$ を考える．そのノードの子として $k$ 個の部分木 $T_1, \ldots, T_k$ があるとする．$U$ の部分列 $U[l_0..r_0]$ が $v$ を表すとする．また，$U[l_i..r_i]$ ($1 \le i \le k$) はそれぞれ $T_i$ の DFUDS 表現とする．なお，$l_i = r_{i-1}+1$ である．$d = E[r_0]$ とする．すると超過数について以下の性質が成り立つ．

**補題 6.11**

$E[r_i] = E[r_{i-1}] - 1 = d - i \quad (1 \le i \le k)$

$E[j] > E[r_i] \quad (l_i \le j < r_i)$

**証明:** DFUDS の構成法より, 部分木 $T_i$ に対応する DFUDS 表現 $U[l_i..r_i]$ の先頭に ( を付け加えると, 括弧列はバランスする. バランスした括弧列において, 開括弧と閉括弧の数は等しい. つまり $U[l_i..r_i]$ の中では閉括弧の数は開括弧よりも 1 つ多く, $E[r_i] = E[r_{i-1}] - 1$ $(1 \leq i \leq k)$ となる. $E[r_0] = d$ であるため, $E[r_i] = d - i$ となる. 2 つ目の性質 $E[j] > E[r_i]$ $(l_i \leq j < r_i)$ も, 部分木の表現の先頭に ( を加えるとバランスすることから明らかである. □

**補題 6.12** 順序木ノード $x, y$ に対し, $x < y$ で $x$ は $y$ の祖先ではないとする. $x$ と $y$ の最近共通祖先 $z$ は木の DFUDS 表現と $O(n \lg \lg n / \lg n)$ ビットの補助データ構造を用いて次のように定数時間で計算できる.

$$w = RMQ_E(x, y-1) + 1$$
$$z = parent(w)$$

ここで $x$ と $y$ は DFUDS 中のそのノードを表す括弧列 $((\cdots ()$ の最後の閉括弧の位置とする.

なお, $x$ が $y$ の祖先かどうかは定数時間で判定でき $(isancestor(x, y))$, その場合は $lca(x, y) = x$ である.

**証明:** ノード $v$ を $lca(x, y)$ の答え, $T_1, \ldots, T_k$ を $v$ の部分木, $U[l_i..r_i]$ を $T_i$ の DFUDS 表現 $(1 \leq i \leq k)$ とする. すると $x$ と $y$ はそれぞれある部分木 $T_\alpha$ と $T_\beta$ の中に存在する $(\alpha < \beta)$.

$E[r_\beta] = d$ とする. すると補題 6.11 より, $E[r_{\beta-1}] = d+1$, $E[i] > d+1$ $(l_1 \leq \forall i < r_{\beta-1}, l_\beta \leq \forall i \leq r_\beta - 2)$ となる. もし $y < r_\beta$ ならば, $E[y-1] > d+1$ であり, 区間最小値問い合わせにより $w = RMQ_E(x, y-1) + 1 = r_{\beta-1} + 1 = l_\beta$ を得る. もし $y = r_\beta$ ならば $E[y-1] = d+1$ である. つまり $E[x..y-1]$ には 2 つの最小値 $d+1$ が存在する. 区間最小値問い合わせにより左の値の位置を得るが, それは $r_{\beta-1}$ である. どちらの場合でも, $w = l_\beta$ となり, これは $v$ のある部分木の位置である. よって $z = parent(w)$ は $v$ と等しい, つまり $z = v = lca(x, y)$ となる. □

以上より次の定理を得る.

**定理 6.3 (データ構造 DFUDS)**　$n$ ノードの順序木での上記操作を定数時間で実現する DFUDS 表現は $2n + \mathrm{O}(n \lg \lg n / \lg n)$ ビットで実現できる.

## 6.4.4　DFUDS 表現の圧縮法

$n$ ノードの木 $T$ の DFUDS 表現 $U$ を圧縮することを考える. DFUDS 表現は $2n$ ビットで, 情報理論的下限に漸近的に一致しているため, これ以上の圧縮はできないと思われるが, 木に対してある種のエントロピーを定義し, そのエントロピーまで圧縮することを考える.

順序木の木次数エントロピーという概念を導入する. これは, 順序木の次数分布に関するエントロピーである. そのために, 次数 $i$ を持つノードの個数を指定した場合の順序木の個数を数える.

**補題 6.13 (Rote [94])**　$n$ ノードの順序木で, 子を $i$ 個持つノードの数が $n_i$ ($i = 0, 1, \ldots$) であるものの数を考える. $\sum_{i \geq 0} n_i(i-1) = -1$ のとき, そのような木は

$$\frac{1}{n} \binom{n}{n_0 \; n_1 \; \cdots \; n_{n-1}}$$

個存在し, それ以外のとき, そのような木は存在しない.

この個数を $L$ で表すと, 順序木の次数分布を指定したときのサイズの情報理論的下限は $\lceil \lg L \rceil$ ビットとなる. スターリングの公式より,

$$\lceil \lg L \rceil = \sum_{i=0}^{n-1} n_i \lg \frac{n}{n_i} - \Theta(\lg n)$$

となる. よって, 順序木のエントロピーを次のように定義する.

**定義 6.5 (木次数エントロピー)**　$n$ ノードの順序木 $T$ において, 子を $i$ 個持つノードの数が $n_i$ のとき, $T$ の木次数エントロピー $H^*(T)$ を次のように定義する.

$$H^*(T) = \sum_i \frac{n_i}{n} \lg \frac{n}{n_i}.$$

なお，$|nH^*(T) - \lceil \lg L \rceil| = O(\lg n)$ である．

木次数エントロピーを考えると，サイズの下限が $2n$ より小さくなる．例えば，最大次数 2 の順序木では，

$$\sum_{i=0}^{2} n_i \lg \frac{n}{n_i} \leq n \lg 3 \approx 1.58n < 2n$$

となる．また，全 2 分木 (full binary tree; 全ての内部ノードが子を 2 つもつ木) では，

$$\frac{n-1}{2} \lg \frac{2n}{n-1} + \frac{n+1}{2} \lg \frac{2n}{n+1} \approx n < 2n$$

となり，下限が約半分になる．この下限を達成する DFUDS 表現の圧縮法が存在する．

**定理 6.4** $n$ ノードの順序木 $T$ の DFUDS 表現 $U$ は $nH^*(T) + O(n(\lg \lg n)^2 / \lg n)$ ビットに圧縮でき，$U$ の任意の位置の $O(\lg n)$ ビットは語長 $\Omega(\lg n)$ の word-RAM で定数時間で復元できる．

この定理より，DFUDS 表現は圧縮されていない状態で格納されているとみなすことができる．よって各種操作を行うための索引はそのまま使える．ハフマン符号 を表現する符号木は全 2 分木となるため，それを効率的に格納することができる．

## 6.4.5 全 2 分木の効率的な表現

全 2 分木では $nH^*(T) \approx n$ であるため，$n + o(n)$ ビットの DFUDS 表現が得られることは分かっているが，その圧縮方法は複雑である．ここでは簡単な表現を与える．

全 2 分木は，内部ノードを 0，葉を 1 で表し，木の深さ優先探索順にこれらの符号を並べた列 $F$ で表現できる (図 6.9 参照)．この表現は DFUDS と深い関係がある．全 2 分木に対する DFUDS において，内部ノードは (() で表され，葉は ) で表される．これらをそれぞれ 0，1 に置き換えれば $F$ が得られる．さらに，内部ノードを表す (() を ( に変換するとき，対応のとれた括弧対を削除しているため，$F$ の先頭にダミーの ( を付けると，$F$ はバランスし

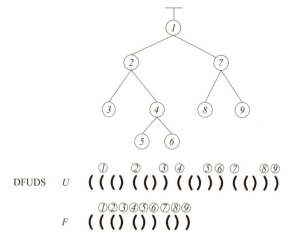

**図 6.9** 全 2 分木の DFUDS による表現 $U$ と，その改良版 $F$.

た括弧列になっている．よって，DFUDS で定義された各種演算もほぼそのまま使うことができる．

全 2 分木上での演算は次のように実現できる．

- $\mathit{isleaf}(x)$: if $U[x] = \mathtt{)}$ then yes else no
- $\mathit{child}(x, 1)$: $x + 1$ （左の子）
- $\mathit{child}(x, 2)$: $\mathit{findclose}(x) + 1$ （右の子）
- $\mathit{parent}(x)$: if $U[x-1] = \mathtt{(}$ then $x - 1$ else $\mathit{findopen}(x-1)$
- $\mathit{leaf\_rank}(x)$: $\mathit{rank}_{\mathtt{)}}(x)$
- $\mathit{leaf\_select}(i)$: $\mathit{select}_{\mathtt{)}}(i)$
- $\mathit{preorder\_rank}(x)$: $x - 1$
- $\mathit{preorder\_select}(i)$: $i + 1$
- $\mathit{inorder\_rank}(x)$: $\mathit{rank}_{\mathtt{)}}(\mathit{child}(x, 2) - 1)$
- $\mathit{inorder\_select}(i)$: $\mathit{parent}(\mathit{select}_{\mathtt{)}}(i) + 1)$
- $\mathit{leftmost\_leaf}(x)$: $\mathit{leaf\_select}(\mathit{leaf\_rank}(x-1) + 1)$
- $\mathit{rightmost\_leaf}(x)$: if $U[x] = \mathtt{)}$ then $x$ else $\mathit{findclose}(\mathit{enclose}(x))$
- $\mathit{desc}(x) = \mathit{rightmost\_leaf}(x) - x + 1$

- $isancestor(x, y)$: if $x \leq y \leq rightmost\_leaf(x)$ then yes else no

## 6.5 BP 表現のより簡単なデータ構造

前節までの手法では，データ構造の大きさは，各操作のための補助データ構造のサイズの和になってしまう．例えば，BP の最初の簡潔データ構造は $findclose, findopen, enclose$ (とその他の簡単な操作) のみを備え，かつ各操作は別々のデータ構造を用いて実現される．その後，多くの新しい演算，例えば $leftmost\_leaf, lca, degree, child, childrank, LA$ が追加されたが，これらの計算にはそれぞれ異なるデータ構造が必要である．各データ構造のサイズは $o(n)$ ビットであり漸近的には無視できるが，実用上は無視できない大きさである．さらに，非常に複雑なデータ構造であるため実用性にも疑問がある[*6]．

ここで述べるデータ構造は基本的に 1 つの構成要素，区間最大最小木 (range min-max tree) から成る．表 6.1, 6.2 の全ての操作はこの区間最大最小木のみで実現でき，各操作ごとに異なる補助データ構造を用いるこれまでのデータ構造とは異なる．

### 6.5.1 超過配列

$n$ ノードの順序木を表す BP 表現 $P[1..2n]$ に対し，超過配列 (excess array) $E[0..2n]$ を $E[0] = 0$, $E[i] = rank_{(}(P, i) - rank_{)}(P, i)$ $(i = 1, 2, \ldots, 2n)$ と定義する．

まず，括弧列に対する基本的な操作 $findclose, findopen, enclose, LA$ が 2 つの関数 $fwd\_excess, bwd\_excess$ で表現できることを示す．$fwd\_excess, bwd\_excess$ のデータ構造は第 6.5.2 項で示す．

**定義 6.6** 超過配列 $E$ に対し，次のように定義する．

$$fwd\_excess(E, i, d) = \min_{j>i}\{j \mid E[j] = E[i] + d\}$$
$$bwd\_excess(E, i, d) = \max_{j<i}\{j \mid E[j] = E[i] + d\}$$

---

[*6] 誰も実装していないため不明．

**補題 6.14** $P$ を括弧列, $E$ をその超過配列とする. すると $\mathit{findclose}$, $\mathit{findopen}$, $\mathit{enclose}$, $\mathit{LA}$ は次のように計算できる.

$$findclose(P,i) = \mathit{fwd\_excess}(E,i,-1)$$
$$findopen(P,i) = \mathit{bwd\_excess}(E,i,0) + 1$$
$$enclose(P,i) = \mathit{bwd\_excess}(E,i,-2) + 1$$
$$LA(P,i,d) = \mathit{bwd\_excess}(E,i,-d-1) + 1$$

**証明:** $\mathit{findclose}$: 開括弧 $P[i]$ と釣り合う閉括弧の位置を $j$ とする. すると $E[i+1..j-1]$ 中の全ての値は $E[i]$ 以上であり, また $E[j] = E[i]-1$ である. よって成り立つ.

$\mathit{findopen}$: $j = \mathit{bwd\_excess}(E,i,0)+1$, $d = E[i]$ とする. すると以下のようにして $P[j]$ は開括弧となることが示せる. もし $P[j]$ が閉括弧だとすると, $E[j] = E[j-1]-1 = d-1$ である. しかし $E[j] = d-1$ かつ $E[i-1] = d+1$ であるため, $j < j' < i-1$ かつ $E[j'] = d$ となる $j'$ が存在するはずである. これは $j$ が $j-1 < i$ かつ $E[j-1] = d$ となる最大の値であることに矛盾する. よって $P[j]$ は開括弧である. さらに, $j \leq j' < i$ となる全ての $j'$ に対し, $E[j'] > E[i]$ である. よって $P[j]$ は $P[i]$ と釣り合う開括弧である.

$\mathit{enclose}$: $j = \mathit{bwd\_excess}(E,i,-2)+1$, $d = E[i]$ とする. 上と同様に, $P[j]$ は開括弧で $E[j] = d-1$ であることが示せる. もし $P[j]$ と対応する閉括弧が $P[i]$ を取り囲まないとすると, $j < j' < i$ かつ $E[j'] = d-2$ となる閉括弧 $P[j']$ が存在する. しかしこれは $j$ が $j-1 < i$ かつ $E[j-1] = d-2$ となる最大の値であることに矛盾する.

$\mathit{LA}$: $j = \mathit{bwd\_excess}(E,i,-d-1)+1$ とする. $\mathit{enclose}$ のときと同様, $P[j]$ は $E[j] = E[i]-d$ となる開括弧で, $E[j]$ と対応する閉括弧は $E[i]$ を取り囲むことが示せる. □

また, 次の式が成り立つ.

$$level\_next(P,i) = \mathit{fwd\_excess}(E, findclose(P,i)-1, 0)$$
$$level\_prev(P,i) = \mathit{findopen}(P, \mathit{bwd\_excess}(E,i,0)+1)$$

$$level\_leftmost(P, d) = fwd\_excess(E, 0, d)$$
$$level\_rightmost(P, d) = findopen(P, bwd\_excess(E, 2n, d) + 1)$$

さらに，BP 表現 $P[1..2n]$ に対し，配列 $S^+[0..2n]$ と $S^-[0..2n]$ を $S^+[0] = 0$, $S^+[i] = rank_{(}(P, i)$ $(i = 1, 2, \ldots, 2n)$, $S^-[0] = 0$, $S^-[i] = rank_{)}(P, i)$ $(i = 1, 2, \ldots, 2n)$ と定義する．すると，次の式が成り立つ．

$$select_{(}(P, j) = fwd\_excess(S^+, 0, j)$$
$$select_{)}(P, j) = fwd\_excess(S^-, 0, j)$$

$S^+$ も $S^-$ も $P$ から計算できるため，格納する必要はない．

## 6.5.2 $O(\lg n)$ 時間データ構造

まず，長さ $2n$ の括弧列に対し，$fwd\_excess(E, i, d)$ と $bwd\_excess(E, i, d)$ を $O(\lg n)$ 時間で計算する非常に簡単な簡潔データ構造を与える．まず，$d \leq 0$ の場合を考える．超過配列 $E$ を長さ $L = \lg^2 n$ のブロックに分割する．$i$ 番目のブロック $(0 \leq i < N)$ $(N = \lceil 2n/L \rceil)$ に対し，そのブロック中の $E$ の最小値を求め，それをセグメント木に格納する．

長さ $N$ の配列に対するセグメント木とは，根が全体の区間 $[0..N-1]$ に対応し，左の子は配列の前半に対するセグメント木，右の子は配列の後半に対するセグメント木である．各ノードには，そのノードの対応する区間の配列の情報を格納する．ここでは，区間内の最小値を格納する．

$i$ 番目のブロック中の最小値を配列 $m[i]$ に格納する．また，配列 $m$ で隣り合う値の最小値を格納する．具体的には，$m[N+i] = \min\{m[2i], m[2i+1]\}$ $(0 \leq i < N/2)$ とする．同様に，$m[N + N/2 + i] = \min\{m[N + 2i], m[N + 2i + 1]\}$ $(0 \leq i < N/4)$，と格納していく．最終的には，$E$ 全体の最小値を格納する（図 6.10 参照）．配列 $m$ の長さは $2N = 4n/L = O(n/\lg^2 n)$ で，配列の要素の最大値と最小値の差は $n$ 以下なので，各要素は一番左の値からの差分で表現すると $O(\lg n)$ ビットで表せる．よって配列に必要な領域は $O(n/\lg n)$ ビットとなる．

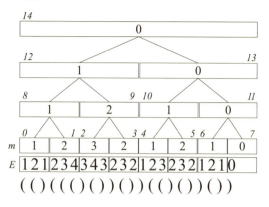

**図 6.10** $fwd\_excess(E, i, d)$ と $bwd\_excess(E, i, d)$ $(d \leq 0)$ を $O(\lg n)$ 時間で計算するデータ構造. $n = 11, L = 3, N = 8$. 斜体の数字は配列 $m$ の添え字を表す.

#### 6.5.2.1 $fwd\_excess$ のアルゴリズム

アルゴリズム 6.5 は $fwd\_excess(E, i, d)$ のアルゴリズムである.この動作を例を用いて説明する.図 6.10 で,$j = fwd\_excess(E, 4, -1)$ を求めることを考える.答えは $j = 13$ ($E[4] = 2, E[13] = 1$) である.まず,ブロック $b = 1$ に対応する括弧列 ((( の中で $E[j] = 1$ となるものを表を用いて探す.存在しないため,セグメント木を根に向かって探索していく.ブロック $b = 1$ は右の子であるため,その親 8 へ移動する.8 は左の子であるため,右の子 9 へ移動する.$m[9] = 2$ であり,$E[4] - 1$ よりも大きいため,ブロック 9 の下には答えは存在しない.そこで 9 の親の 12 へ移動する.12 は左の子であるため,右の子 13 へ移動する.$m[13] = 0$ であり,$E[4] - 1$ 以下であるのでループを抜ける.今,答えはブロック 13 の下にあることは分かっているが,最も左にあるものを見つけるためにセグメント木を下に降りていく.13 の左の子 10 を見ると $m[10] = 1 \leq E[4] - 1$ であるので 10 へ移動する.10 の左の子 4 を見ると $m[4] = 1 \leq E[4] - 1$ であるので 4 へ移動する.4 は葉であるのでループを抜ける.最後にブロック 4 に対応する括弧列 ))( の中で $E[j] = 1$ となる一番左の位置を表を用いて求める.なお,答えは必ず存在し,この場合は $j = 13$ である.

## 6.5 BP 表現のより簡単なデータ構造 — 115

**アルゴリズム 6.5** $fwd\_excess(E, i, d)$: $E[j] = E[i] + d$ となる最小の $j > i$ を返す．

1: $b \leftarrow \lfloor (i-1)/L \rfloor$ ▷ $b$ は $E[i]$ を含むブロックの番号
2: ブロック $b$ 内の $P$ を $\frac{1}{2}\lg n$ ビットずつ読みこみ，表を用いて答えを探し，あればその位置を返す．
3: **while** $b$ がセグメント木の根ではない **do**
4:    **if** $b$ がセグメント木の左の子 **then**
5:       $b \leftarrow b + 1$ ▷ 右の子に移動
6:       **if** $m[b] \leq E[i] + d$ **then**
7:          **break** ▷ 答えを含む区間が見つかったので while ループを抜ける
8:       **end if**
9:    **end if**
10:    $b \leftarrow (b \text{ の親})$
11: **end while**
12: **if** $b$ がセグメント木の根 **then**
13:    **return** $-1$ ▷ 答えは存在しない
14: **end if**
15: **while** $b \geq N$ **do** ▷ $b$ が葉ではない
16:    $b \leftarrow (b \text{ の左の子})$
17:    **if** $m[b] > E[i] + d$ **then**
18:       $b \leftarrow b + 1$ ▷ 右の子に移動
19:    **end if**
20: **end while**
21: ブロック $b$ 内の $P$ を $\frac{1}{2}\lg n$ ビットずつ読みこみ，表を用いて答えを探し，その位置を返す．

**補題 6.15** 長さ $2n$ の括弧列に対し，アルゴリズム 6.5 は $fwd\_excess(E, i, d)$ を $O(\lg n)$ 時間で計算し，データ構造のサイズは括弧列の他には $O(n/\lg n)$ ビットである．

**証明**：アルゴリズムの 2 行目と 21 行目では，長さ $L = \lg^2 n$ のブロックに対応する括弧列を，長さ $\lg n/2$ に区切って左から順に答えを含むかどうかを表引きで判定する．計算時間は $O(\lg n)$ で，表のサイズは $O(\sqrt{n}\lg n) = O(n/\lg n)$ ビットである．アルゴリズムの 3 行目から 20 行目では，セグメント木を葉から根に向かって探索し，その後葉に向かって下りていく．ブロック $b$ に対し，

$m[b] > E[i] + d$ ならばそのブロック内に答えがないことは明白である．探索中に初めて $m[b] \leq E[i] + d$ となったとき，$b$ の前に探索したブロック $b'$ では $m[b'] > E[i] + d$ である．超過配列では隣り合う値の差は必ず 1 であるので，ブロック $b$ 内に $E[j] = E[i] + d$ となる位置 $j$ が存在するはずである．よってこのアルゴリズムは正しく動作する．セグメント木の高さは $\lg N = O(\lg n)$ より，探索の時間は $O(\lg n)$ 時間である．データ構造のサイズは，表の他には配列 $m[0..2N-1]$ があるが，これは $O(n/\lg n)$ ビットである． □

なお，bwd_excess も同じ配列 $m$ を用いて同様に $O(\lg n)$ 時間で計算できる．なお，表引きに使う表は異なる．

$d \leq 0$ の $fwd\_excess(E, i, d)$ と $bwd\_excess(E, i, d)$ のみで $O(\lg n)$ 時間で実現できる演算としては，findopen, findclose, enclose, LA, level_next, level_prev があり，これらを用いて parent, firstchild, lastchild, sibling, prev_sibling, isancestor, desc も $O(\lg n)$ 時間で実現できる．

### 6.5.2.2　$RMQ/lca$ のアルゴリズム

$RMQ_E(x, y)$ も第 6.5.2 項の配列 $m$ を用いて $O(\lg n)$ 時間で求めることができる．まず，$x$ と $y$ を含むブロック $i, j$ を求める．$i = j$ の場合はそのブロック内の括弧列から表引きを用いて超過配列での最小値の位置 $m$ は $O(\lg n)$ 時間で求まる．

$i < j$ の場合は，ブロック $i+1, \ldots, j-1$ に対し，それらを表現する $O(\lg n)$ 個のセグメント木のノードに格納されている最小値の中の最小値を求める．この最小値とブロック $i, j$ の最小値の中の最小値が求めているものである．次に，その最小値を持つブロックで最も左にあるものを求める．これはセグメント木で根から葉に向かって下りていくことで求まる．最後に，ブロック内で実際に最小値を達成する位置を表引きで求める．これらも $O(\lg n)$ 時間で行える．なお，このアルゴリズムを，データ構造はそのままで最小値の中で最も右のものを見つけるように変更することは容易である．

ノード $x, y$ の括弧列での位置が分かっているとき，$z = lca(x, y)$ を求めるには，$z = parent(RMQ_E(x, y) + 1)$ を計算するが，parent も配列 $m$ で求まるた

め，$O(\lg n)$ 時間で求まる．

#### 6.5.2.3 *degree* のアルゴリズム

$d = degree(v)$ を求めるには，現状では *sibling* を用いて子ノードを順番に列挙していくしかなく，$O(d \lg n)$ 時間かかってしまう．しかし，セグメント木のノードに情報を追加することで，$O(\lg n)$ 時間にできる．そのためには次の補題を用いる．

**補題 6.16** 順序木の超過配列 $E$ において，ノード $v$ に対応する区間を $E[s..t]$ とする．すると，$v$ の次数と $E[s+1..t-1]$ の中の最小値の個数は一致する．

**証明:** $E[s] = d$ とする．すると $v$ の子ノードそれぞれに対し，対応する超過配列の値は 最後の値が $d$ でそれ以外は $d+1$ 以上である．つまり $E[s+1..t-1]$ 内で値が $d$ の位置は子ノードを表す括弧列の最後の位置と対応し，その個数は $v$ の次数と等しい． □

区間の最小値の個数を効率的に求めるために，セグメント木の各ノードにそのノードに対応する超過配列中の最小値の個数を格納する．すると，区間の最小値の個数は，最小値を持つ区間での最小値の個数の和となり，$O(\lg n)$ 時間で求まる．また，このデータ構造を用いれば $i$ 番目の子ノード $child(x, i)$ やノードの左にある兄弟の個数 $childrank$ も $O(\lg n)$ 時間で求まる．

#### 6.5.2.4 その他の演算

その他の演算についても簡単に実現できる．区間の最小値に加えて，最大値も配列 $M$ に格納することにする．すると区間最大値問い合わせ (Range Maximum Query) も $O(\lg n)$ 時間で求まるようになる．これを用いれば *deepest_node*, *height* が求まり，また *level_leftmost*, *level_rightmost* も求まる．

括弧列 $P$ での *rank/select* は従来の索引を用いて計算してもよいが，セグメント木に区間内の開括弧の数を格納すれば，*rank/select* も $O(\lg n)$ 時間で求まる．なお，区間内の閉括弧の数は開括弧の数から計算できるため格納する必要はない．

### 6.5.3 区間最大最小木

第 6.5.2 項のデータ構造を改良し，問い合わせ時間を定数にすることを考える．そのためのデータ構造が区間最大最小木 (range min-max tree) である．これは，長さが polylog($n$) の超過配列で $\mathit{fwd\_excess}$ と $\mathit{bwd\_excess}$ を定数時間で計算するデータ構造である．正確には，次の補題が成立する．

**補題 6.17** 任意の定数 $c > 0$ と長さ $n < w^c$ の任意の括弧列 $P$ とその超過配列 $E$ に対し，$\mathit{fwd\_excess}$ と $\mathit{bwd\_excess}$ は $w$ ビットの word-RAM 上で $\mathrm{O}(c^2)$ 時間で計算できる．$P$ はバランスしていなくてもよい．データ構造は，$P$ に依存する $n + \mathrm{O}(nc \lg w/w)$ ビットのものと，$P$ に依存しない $\mathrm{O}(\sqrt{2^w}w^c)$ ビットの表から成る．

データ構造は次のように定義される．$N = w^c$ とする．一般性を失わずに $E[0] = 1$ と仮定できる．括弧列 $P$ とその超過配列 $E$ を長さ $s = \frac{1}{2}w$ のブロックに分割する．$i$ 番目のブロック ($0 \leq i \leq n/s$) に対し，そのブロック中の最小値と最大値を配列 $m[i]$ と $M[i]$ に格納する．$-w^c \leq m[i], M[i] \leq w^c$ であるため，配列はそれぞれ $\frac{n}{s} \cdot \lceil \lg(2w^c + 1) \rceil = \mathrm{O}(nc \lg w/w)$ ビットで表現できる．

配列 $m$ と $M$ に対し，バランスした $k$ 分探索木 $T_{mM}$ を構築する．$k = \Theta(w/\lg w)$ とする．$T_{mM}$ の葉は $m$ と $M$ の各要素に対応する．各内部節点はその子に格納されている値の中の最小値と最大値を格納する．よって根節点は $m$ の最小値と $M$ の最大値を格納する．この木を区間最大最小木と呼ぶ．なお，この木はヒープのように 2 つの整数配列 $m, M$ で表現できる．木の深さは $\mathrm{O}(c)$ であり，木を格納するための領域の大きさは $\mathrm{O}(nc \lg w/w)$ ビットである．

次の命題は簡単だが本データ構造では重要である．

**命題 6.1** 超過配列のある区間の最小値と最大値を $a$ と $b$ とする．すると $a$ 以上 $b$ 以下の全ての整数はその区間内に少なくとも 1 つ存在する．

**命題 6.2** 任意の区間 $[s..t] \subset [0..N-1]$ は，区間最大最小木の節点にそれぞれが対応する $\mathrm{O}(ck)$ 個の部分区間の和集合で表現できる．

$fwd\_excess(E, i, d)$ の計算は次のようにして $O(c^2)$ 時間で行える．まず $i$ を含むブロックが $fwd\_excess(E, i, d)$ を含むかを表引きで定数時間で求める．もしそうならば終了する．次に区間 $[i..N-1]$ を命題 6.2 のように部分区間 $I_1, I_2, \ldots$ に分割する．そして各部分区間 $I_i$ ($i = 1, 2, \ldots$) に対し目標値 $E[i] + d$ がその部分区間の最小値と最大値の間に含まれるかを調べる．区間 $I_j$ をそれを満たす最初の部分区間とする．すると $fwd\_excess(E, i, d)$ は $I_j$ 内に存在する．もし $I_j$ が区間最大最小木の内部節点に対応するならば，その子の中で $E[i] + d$ を含む最も左のものを順次求めていき，葉に到達するまで続ける．この葉は目標値を含んでいるため，その位置を表引きで求める．

この探索で現れる部分区間の列は区間最大最小木の葉から葉へのパスに対応する．条件を満たす最も左の子節点を求めるときも，表引きを用いる．この表は 2 次元である．1 つ目の座標は，区間最大最小木の 1 つの節点の $k/c$ 個の子節点に格納されている最小値と最大値の全ての組合せに対応する．2 つ目の座標は目標の超過値に対応する．表の各欄は，最大・最小値が目標値を囲むような節点の中で最左のものが何番目の子であるかを格納する．もしそのような節点が存在しなければ $-1$ を格納する．探索時には，まず，ある節点の最初から $(k/c)$ 番目までの子節点の中に条件を満たすものがあるかを表引きで求める．もしそのような節点が見つからなければ次の $k/c$ 個の子に対し同様に検索を行うことを続ける．隣接する $k/c$ 個の子節点は配列 $m$ と $M$ の連続する領域に格納されているため，$k$ 個の子全てを調べるのに必要な時間は $O(c)$ である．

表の大きさを解析する．表の最初の座標は $O(\lg(2w^c+1) \cdot k/c) = O(w)$ ビットで表現できる．よって表の高さは $2^{O(w)}$ である．表の幅は $2w^c + 1$ である．よって表のサイズは $2^{O(w)} \cdot w^c$ ビットとなる．定数項を適切に設定することで，表の大きさは $O(\sqrt{2^w} w^c)$ ビットとなる．

## 6.5.4 大きな木に対するデータ構造

節点数が $n > w^c$ となるような大きな木に対しては，区間最大最小木を用いて $fwd\_excess$ と $bwd\_excess$ を定数時間で求めることはできない．そこで，括弧列を長さ $N = w^c$ に分割し，それぞれに対して区間最大最小木を作る．$fwd\_excess$ の答えが 1 つの区間最大最小木で求まればそれで終わりである．求

まらなかった場合に，括弧列全体に対するデータ構造を使う必要がある．

本項では，次の定理を証明する．

**定理 6.5 (データ構造 BP-NS [87])** [*7]　節点数 $n$ の順序木の BP 表現に対する簡潔索引は $O(n \lg \lg n / \lg n)$ ビットで表現でき，表 6.1, 6.2 の全ての問い合わせを定数時間で行える．索引は $O(n)$ 時間で構築できる．

#### 6.5.4.1　LRM 木

以下では $\mathit{fwd\_excess}(E, i, d)$ で $d \leq 0$ の場合について考える．$d > 0$ の場合や $\mathit{bwd\_excess}$ については同様である．超過配列を長さ $N = w^c$ のブロックに分割し，各ブロック中の最小値を $m_1, m_2, \ldots, m_\tau$ とする ($\tau = \lceil 2n/N \rceil$)．これらに対し，LRM 木 (left-to-right-minima tree) を定義する．

**定義 6.7 (LRM 木)**　数列 $m_1, m_2, \ldots, m_\tau$ に対する LRM 木 $T$ は，各ノード $v_i$ は $m_i$ を格納し ($i = 1, 2, \ldots, \tau$)，$v_i$ の親は $m_j < m_i$ となる最小の $j > i$ である．

図 6.11 は LRM 木の例である．$m_2 = 5$ については，$m_3 = 8, m_4 = 6$ は $m_2$ より大きいため $m_2$ ($v_2$) の親にはならず，$m_5 = 3 < m_2$ であるため，$m_2$ の親は $m_5$ となる．なお，括弧列の超過配列の最小値の列では，最後の値は必ず 0 であるため，LRM 木では全てのノードは最後のノードの子孫となる．一般には，数列の最後に $-\infty$ を付けることで全体を 1 つの木にできる．

**補題 6.18**　$j = \mathit{fwd\_excess}(E, i, d)$ とし，$i, j$ を含むブロックをそれぞれ $x, y$ とする．$x$ と $y$ が異なるブロックのとき，LRM 木において $v_y$ は，$m_y \leq E[i] + d$ となる $v_x$ の祖先で最も $v_x$ に近いものである．

**証明:**　超過配列を $i$ から $j$ に見ていったとき，ある位置までの最小値は単調に減少する．よって LRM 木において $v_x$ の祖先ではないノードには答えはないことが分かる．また，$m_y \leq E[i] + d$ となる $v_x$ の祖先 $v_y$ が見つかったと

---

[*7] NS は Navarro, Sadakane を表す．

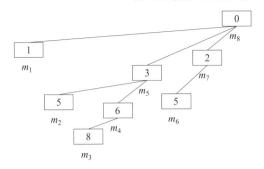

**図 6.11** 数列 $1, 5, 8, 6, 3, 5, 2, 0$ に対する **LRM 木**.

き，$v_x$ と $v_y$ の子の間では最小値は $E[i] + d$ より大きかった．よってブロック $y$ の中に $E[j] = E[i] + d$ となる位置 $j$ は必ず存在する． □

この補題より，$fwd\_excess$ は根付き木での重み付き深さ指定祖先 (weighted level-ancestor) 問題に帰着できる．

**問題 6.1** 枝に自然数の重みが付いた根付き木 $T$ に対し，ノード $v$ の重み付き深さを根からそのノードまでの枝の重みの和とし，$W(v)$ で表す．$T$ のノード $v$ と自然数 $d$ に対し，重み付き深さ指定祖先問い合わせ $LA_T(v, d)$ とは，$v$ の祖先 $w$ で $W(w) \leq W(v) - d$ となるもののうち最も $v$ に近いものを返す問い合わせである．

また，次の補題はデータ構造の構築に重要である．

**補題 6.19** LRM 木の各枝の重みは $N$ 以下である．

**証明:** 隣接するブロック間の枝については，2つ最小値の差が最大になるのは右のブロック内が全て閉括弧の場合で，その場合の差は $N$ である．隣接していないブロック $s, t$ $(s < t)$ 間に枝がある場合，$m_{s+1}$ から $m_{t-1}$ は $m_s$ 以上であるため，$m_s$ と $m_t$ の差の最大値はブロックが隣接している場合と等しく，$N$ である． □

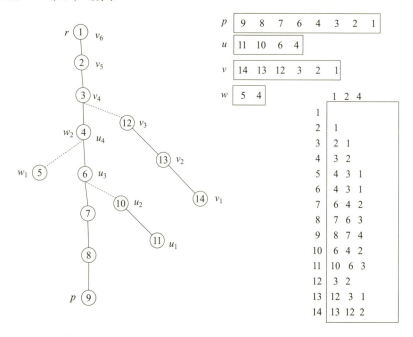

**図 6.12** （左）根付き木の最長パス分解，（右上）ノード $p, u_1, v_1, w_1$ からの 2 倍長はしご，（右下）各ノードのジャンプポインタ．

#### 6.5.4.2 深さ指定祖先のデータ構造

Bender と Farach-Colton [10] は（重みなし）深さ指定祖先 (level-ancestor) を定数時間で求める単純な $O(n)$ 語（$O(n \lg n)$ ビット）のデータ構造を提案した．まず，それをさらに単純化した $O(n \lg n)$ 語（$O(n \lg^2 n)$ ビット）のデータ構造を説明する．

このデータ構造では，木 $T$ は互いに素なパスに以下のように分解される．まず，根から葉へのパスのうち最長のものが $T$ から取り除かれる．すると木はいくつかの互いに素な部分木に分解される．それらの部分木は再帰的にパスに分解される．この分解を**最長パス分解** (long-path decomposition) と呼ぶ．図 6.12 に例を示す．最長パスは根 $r$ からノード $p$ までのパスであり，これを取り除くと木は $u_1$ から $u_2$ のパス，$v_1$ から $v_3$ のパス，$w_1$ のみから成るパスの 3 つに分解される．

その後，各パスは元の木の根に向かって長さ（ノード数）が 2 倍になるように延長される．正確には，$v_1, v_2, \ldots, v_h, v_{h+1}, \ldots, v_d$ をある葉 $v_1$ から根 $v_d$ へのパスとすると，もし分解後のパスが $v_1, v_2, \ldots, v_h$ ならば，それを $v_1, v_2, \ldots, v_{2h}$ ($2h > d$ ならば $v_d$ まで) に延長する．このパスは **2 倍長はしご** (doubled long-path ladder) と呼ばれる．各 2 倍長はしごは 1 つの配列で表現される．全てのはしご上のノード数の合計は高々 $2n$ である．図 6.12 において，$u_1$ から $u_2$ のパスはノードを 2 つ含むため，2 倍長はしごは $u_1$ から $u_4$ の 4 つのノードを含む．$v_1$ から $v_3$ のパスは $v_1$ から $v_6$ のパスに延長される．$w_1$ のみから成るパスは $w_1$ から $w_2$ のパスに延長される．各ノードは 1 から 14 の数字（行きがけ順）で表され，2 倍長はしごを表す配列（図の右上）には，はしご上のノードの行きがけ順が格納されている．この他に，ジャンプポインタと呼ばれるデータ構造を用いる．これは $T$ のノード $v$ から $LA(v, \ell)$ へのポインタを格納する（$\ell = 1, 2, 4, 8, \ldots$）．1 つのノードに対するジャンプポインタの数は $\lg n$ 以下である．図 6.12（右下）はジャンプポインタの例である．各ノードから距離 $1, 2, 4, \ldots$ のノードの行きがけ順が配列に格納されている．

問い合わせ $LA(v, \ell)$ は以下のように処理される．$v$ の祖先で $v$ からの距離が $\ell$ 以下で $\ell/2$ より大きいノード $w$ をジャンプポインタを用いて求める．すると，最長パスの定義から，$w$ を含む最長パスは $v$ と同じ深さの点を含む．つまり，その最長パスの長さは $\ell/2$ 以上である．また，2 倍長はしごの定義から，$w$ を含む 2 倍長はしごは $w$ の上に $\ell/2$ 個以上以上のノードを含む．つまり 2 倍長はしごは $LA(v, \ell)$ を含む．2 倍長はしごは単なる配列なので，その中の深さ指定祖先は簡単に求まる．データ構造は，2 倍長はしごのサイズの合計が $O(n)$ 語，ジャンプポインタのサイズの合計が $O(n \lg n)$ 語，よって $O(n \lg n)$ 語である．

図 6.12 において，$LA(11, 5) = 2$（11 と 2 はノードの行きがけ順）を求めることを考える．まず，ノード 11 ($u_1$) のジャンプポインタを用い，$LA(11, 4) = 3$ ($v_4$) を求める．ノード 3 を含む最長パスはノード 9 ($p$) から根までのパスである．$p$ の 2 倍長はしごを表す配列において，ノード 3 から $5 - 4 = 1$ 個上のノードはノード 2 であり，これが $LA(11, 5)$ の答えである．

このデータ構造のサイズを $O(n)$ 語にするには，サイズの小さな部分木に対

してジャンプポインタを格納しないようにすればよい．元の木 $T$ から，ノード数が $s = \frac{1}{4} \lg n$ 以下の部分木をすべて削除した木 $T'$ を作る．すると，$T'$ の各葉に対し，元の木のノードが $s$ 個以上存在し，それらのノードは重複がないため $T'$ の葉の数は $4n/\lg n$ 個以下である．なお，$T'$ のノード数は $\Theta(n)$ に成り得る．次に，$T'$ において枝分かれのある（子の数が 2 以上の）ノードのみに対しジャンプポインタを格納する．$T'$ で枝分かれのあるノード数は $4n/\lg n - 1$ 個以下であるため，ジャンプポインタに必要な領域は $O(n)$ 語となる．また，ノード数が $s$ 以下の各部分木に対し，その BP 表現を格納する．

このデータ構造を用いた問い合わせ $LA(v, \ell)$ は次のようになる．まず，$v$ がノード数 $s$ 以下の部分木に属しているなら，BP 表現を用いて部分木内に答えがあるか判定する．これは表引きで定数時間である．答えがない場合，部分木の親に移動するとそれは $T'$ のあるノード $w$ である．そこからジャンプポインタを用いるが，$w$ が枝分かれしていないノードの場合はそれがないため，まず $w$ の祖先のうちで最も近い枝分かれしているノード $u$ までの間に $LA(v, \ell)$ があるか調べる．$w$ から $u$ までの間は単純なパスになっているため，その間の深さ指定祖先は簡単に求まる．答えがない場合，$u$ でのジャンプポインタを用いる．この後のアルゴリズムは同じである．以上より問い合わせは定数時間である．

### 6.5.4.3　重み付き深さ指定祖先のデータ構造

重みなし深さ指定祖先のデータ構造を変更し，重み付きの場合を解く．超過配列を長さ $W = w^c$ のブロックに分割し，各ブロック中の最小値 $m[1], m[2], \ldots, m[\tau]$ ($\tau = \lceil 2n/W \rceil$) に対し，サイズ $O(\tau \lg \tau)$ 語の LRM 木を構築する．そして，LRM 木を重みなし木だとみなして最長パス分解をし，2 倍長はしごを作る．

データ構造の変更は以下の点である．まず，ジャンプポインタについては，重みなしの場合と同じで重みなしの深さに関して 1 つ上，2 つ上，4 つ上と各ノードに対し最大 $\lg \tau$ 個格納する．これに加えて，ジャンプポインタの先のノードの重み付きの深さを先行値データ構造に格納する．また，各 2 倍長はしごに対しても，はしご内の各ノードの重み付き深さを先行値データ構造に格納

する.

問い合わせ $LA(v,\ell)$ は以下のように処理する.各ノード $x$ に対応するブロックの最小値を $m[x]$ で表すとする.また,各ノード $x$ の $2^{i-1}$ 個上 ($i \geq 1$, 重みは考慮しない) の祖先を下から順に $x_1, x_2, \ldots$ と表すとする.また,$x_0 = x$ とする.まず,$v$ に格納されている先行値データ構造を用い,$m[v_j] \leq m_v - \ell < m[v_{j+1}]$ となる $j \geq 0$ を求める.すると,$LA(v,\ell)$ は $v_j$ と $v_{j+1}$ の間にあることが分かる.そこで,$v_j$ を含む2倍長はしごに対応する先行値データ構造を用い,$LA(v,\ell)$ を求める.$v$ と $v_j$ の間の重みなし距離は,$v_j$ と $v_{j+1}$ の間の重みなし距離以上であるため,$v_j$ を含む2倍長はしごは必ず答えのノードを含む.

先行値データ構造は以下のように作成する.ノード数 $\ell$ の2倍長はしごに対しては,長さ $\ell W$ 以下のビットベクトルを用いる.はしご中で一番根に近いノードは先頭のビットに対応し,他のノードは先頭のノードからの重み付き深さに対応するビットに1を立てて表す.よってこのビットベクトルは1を $\ell$ 個含み,長さが $\ell W$ 以下である.全てのノードのビットベクトルを連結すると1の数は $2\tau$ 個以下,長さが $2\tau W$ 以下である.$W = w^c = \Theta(\lg^c n)$ より,このベクトルは密なベクトルに対する $rank/select$ データ構造 PAGH で表現でき,先行値は定数時間で求まる.なお,1の数が $\tau$ より少ない場合は末尾にダミーの1を追加することで密にできる.データ構造のサイズは

$$2\tau \lg \frac{\tau W}{\tau} + \mathrm{O}(\tau) + \mathrm{O}\left(\frac{\tau (\lg \lg \tau)^2}{\lg \tau}\right) = \mathrm{O}\left(\frac{n \lg \lg n}{\lg^c n}\right)$$

である.

ジャンプポインタに対する先行値データ構造としては,フュージョン木を用いる.

**定理 6.6 (フュージョン木 [41])** 語長 $b$ ビットの word-RAM において,$z$ 個の $b$ ビット整数に対し,$\mathrm{O}(z^{1.5})$ 時間で構築できる $\mathrm{O}(zb)$ ビットのデータ構造で,先行値/後続値を $\mathrm{O}(\lg_b z)$ 時間で求められるものが存在する.

各ノードにおいて,$z = \lg \tau$ 個の $\lg n$ ビット整数を格納する.$\tau$ 個のノード全体でのデータ構造のサイズは $\mathrm{O}(\tau \lg \tau \lg n) = \mathrm{O}(n/(\lg n)^{c-2})$ ビット,構築

にかかる時間は $\mathrm{O}(\tau \lg^{1.5} \tau) = \mathrm{O}(n/(\lg n)^{c-1.5})$, 問い合わせ時間は $\mathrm{O}(1)$ 時間である.

#### 6.5.4.4 その他の演算

RMQ については, 問い合わせ区間の接頭辞を含む左端のブロック, 問い合わせ区間の接尾辞を含む右端のブロック, それらの間のブロック群の3つに問い合わせ区間を分割する. 1つのブロック内での最小値は区間最大最小木で求める. ブロック間にまたがる区間については, 各ブロックの最小値の列 $m[1], m[2], \ldots, m[\tau]$ に対して SparseTable アルゴリズムをそのまま使えばよい.

$child, childrank, degree$ については, 1つのブロックを完全に含むノードに対してだけ考えればよい. そうでない場合は2つのブロックでの区間最大最小木を使えばよい. さらに, そのようなノードの中で, 開括弧と閉括弧を含むブロックがそれぞれ等しいノードのペアがある場合, 最も内側にあるもの(パイオニア[*8]と呼ぶ)だけ考えればよい. なぜなら, パイオニアではないノード $v$ を含むブロックのうち, 一番左のものと一番右のもの以外はパイオニアに含まれており, パイオニアの括弧対の中で $v$ の子になるものは高々1個である. つまり実質2つのブロックを見るだけでよく, それは定数時間でできるからである.

パイオニアの個数は $\mathrm{O}(n/W) = \mathrm{O}(n/\lg^c n)$ である. $degree$ については, 各パイオニアに対し答えを直接格納すればよい. $child$ を求めるために, 各パイオニア $v$ に対し, 以下の情報を格納する. パイオニアの括弧対を含む各ブロックに対し, そのブロック内の $v$ の子の数が1以上なら, その数を格納する. つまり, ブロックを左から右に見ていったときに子の数が0のブロックは飛ばす. どのブロックを飛ばしたかの情報を保存するために, 子の数が1以上のブロックに対してはそのブロック番号も格納する. 子の数は1進数符号で表す. つまり, ブロック内の子の数が $k$ のとき, $k$ 個の1と1つの0で表す. ノード $v$ に対する各ブロック内の子の数の列をビットベクトル $C_v$ で表すとすると,

---

[*8] 第6.3.2項の定義とは異なる. 第6.3.2項では最も外側のペアを用いるが, こちらは最も内側のものを用いる.

$q$ 番目の子を含むブロックは $rank_1(C_v, select_0(C_v, q))$ 番目のブロックである．ただしこれは子の数が 0 のブロックは飛ばしているので，それを元のブロック番号へ変換する．child の答えを含むブロックが決まれば，具体的な値はそのブロックの区間最大最小木を用いて求まる．

$childrank(u)$ を求めるには，まず $v = parent(u)$ を求める．$v$ がパイオニアでない場合に解けることは既に示してある．もし $u$ が $v$ または $findclose(v)$ と同じブロックなら，そのブロックの区間最大最小木（と $degree(v)$ の値）を用いて答えは求まる．よって，以下では $u$ が $v$ と $findclose(v)$ と異なるブロックの場合を考える．このとき，$u$ のブロック内の他のノードで，親がそのブロック内にないノードは，親は必ず $v$ になる．よって，そのブロック内で一番左にある $v$ の子に対する childrank の値を格納しておけば，そのブロック内の他のノードの childrank の値は区間最大最小木を用いて求まる．

## 6.6 動的な簡潔順序木

簡潔順序木を動的に更新することを考える．動的な更新として，次の操作を考える．

- あるノードの子として葉ノードを作る．
- あるノード $v$ の $i$ 番目から $j$ 番目の子の親となるノード $w$ を作る．$w$ の親は $v$ とする．
- 根ノードの親を作る．
- 葉ノードを削除する．
- 内部ノード $v$ を削除する．$v$ の子ノードの親は $v$ の親になる．
- 根ノードの子の数が 1 または 0 のときに根ノードを削除する．

順序木が BP 表現で表されているとき，これらの操作は対応する括弧対の挿入・削除で実現できる．よって，括弧列 $P$ に対して 1 つの開括弧または閉括弧の追加・削除ができればよい．第 6.5.2 項のデータ構造は，時間および空間計算量を保ったまま容易に動的な更新を実現できる．

第 6.5.2 項のデータ構造では，超過配列 $E$ を長さ $L = \lg^2 n$ のブロックに分

割していた．これを，各ブロックの長さが $L$ 以上 $2L$ 以下であればよいというように条件を緩和する．すると，ブロックの数は常に $\Theta(n/L) = \Theta(n/\lg^2 n)$ 個になる．そして，ブロックを葉に持つセグメント木を作る．セグメント木のノードには，そのノードに対応する括弧列の長さ，括弧列の中の開括弧の数，対応する超過配列の値の最大値と最小値，最小値の個数を格納する．括弧列の長さは静的なデータ構造では不要であったが，動的なデータ構造ではブロックの長さが可変であるため，明示的に格納する．セグメント木のノード数は $\Theta(n/\lg^2 n)$ 個であるため，木構造をポインタで表しても必要な領域は $\Theta(n/\lg n)$ ビットである．

あるブロックの中に括弧を追加した結果，ブロックの長さが $2L+1$ になったとする．このとき，ブロックを長さが $L$ と $L+1$ の 2 つのブロックに分割する．そして，セグメント木では元のブロックに対応する葉ノードを新たに内部ノードとし，それの子として新しい 2 つのブロックに対応する葉ノードを 2 つ作る．セグメント木を更新した場合，ノードに格納されている値も更新する必要があるが，これは新たに作成した 2 つの葉ノードと，それらの祖先のノードに対してのみ更新すればよい．セグメント木を赤黒木 [55] などの平衡 2 分木で表現すれば，木の高さは常に $O(\lg(n/L)) = O(\lg n)$ であるため，更新作業も $O(\lg n)$ 時間となる．

あるブロックの中の括弧を削除した結果，ブロックの長さが $L-1$ になったとする．このとき，右のブロックを見て，その長さが $L$ であれば，2 つを連結して 1 つのブロックにする．$L$ より長いなら，右のブロックの先頭の括弧を取り出し，左のブロックの末尾に追加する．これで，各ブロックの長さは常に $L$ 以上 $2L$ 以下となる．ブロックを連結した場合，対応するセグメント木の葉も削除する．また，いずれの場合もセグメント木の葉から根までの情報を更新する．

動的データ構造ではブロックの長さが可変となるため，それをメモリ中にどのように格納するかも重要な問題であるが，そのための標準的な手法 [75] がある．ブロックを格納するためのメモリを長さ $2L$ ビットのセルの配列とみなす．そして，セルの配列の要素を双方向連結リスト $s_L, s_{L+1}, \ldots, s_{2L}$ に格納する．リスト $s_i$ の中のセルは，長さが $i$ のブロックを格納する領域として使用され

る．これらのセルは，仮想的にはメモリ中で連続する領域にあるものとして扱われ，ブロックはその中に隙間なく格納される．セルの長さは $2L$ で，格納されるブロックの長さは $L$ から $2L$ であるため，1つのブロックは最大2個のセルにまたがって格納され，1つのセルは最大3個のブロック（の一部）を格納する．あるブロックに括弧の挿入または削除が起き，ブロックの長さが $i$ から $j$ になったとき，そのブロックはリスト $s_i$ から $s_j$ に移動される．ブロックの長さは $\Theta(\lg^2 n)$ であり，一度に $\Theta(\lg n)$ ビットの読み書きができるため，ブロックの更新と移動は $\Theta(\lg n)$ 時間で行える．

ブロックがあるリストから削除されたとき，そこには空き領域ができる．メモリの断片化 (fragmentation) を防ぐため，リストの先頭にあるブロックをその空き領域に移動する．その結果，リストの先頭に対応するセルがブロックを1つも格納しない状態になったときは，セルの配列の中で現在使用中の末尾のセルを，空いたセルに移動する．ブロックをあるリストに挿入する場合には，リストの先頭のセルに挿入するが，領域が足りない場合には現在使用中の末尾のセルの隣に新しいセルを作成し，その領域を使う．こうすることで，使用中のセルは必ずメモリ内の連続する領域に格納され，空き領域を含むセルの個数は各リストにつき最大1個，全体で最大 $L+1$ 個しかない．つまり長さ $m$ の括弧列を格納するための領域は，$m + 2L(L+1)$ ビット以下となる．

動的な簡潔データ構造で問題となるもう1つの点は，「$\lceil \lg n \rceil$ の変化」と呼ばれる．静的なデータ構造では $n$ の値は固定であるため，データ構造中に現れる $\lceil \lg n \rceil$ の値も不変である．しかし，動的なデータ構造では $n$ の値が2倍になったときは $\lceil \lg n \rceil$ の値を1増やす必要がある．すると全てのデータ構造を更新する必要があり，時間がかかる．時間計算量を均し (amortized) にするならば問題ないが，最悪計算量を悪化させずに $\lceil \lg n \rceil$ の変化に対応する方法がある [71]．

括弧列の長さを $2n$ とし，$\lceil \lg n \rceil$ の値を $w$ とする．このとき，括弧列を左 ($L$)・中 ($M$)・右 ($R$) の3つに分割し，それらの $\lceil \lg n \rceil$ の値を $w-1, w, w+1$ とし，それぞれに区間最大最小木を作る．括弧列に括弧を1つ挿入するとき，まず $L$ の末尾の括弧を $M$ の先頭に移し，$M$ の末尾の括弧を $R$ の先頭に移す．すると $L$ の長さが1減り，$R$ の長さが1増える．その後，括弧を挿入す

るが，$L$ と $M$ の長さが変わらないように末尾の括弧を移動させ，$R$ の長さがさらに 1 増えるようにする．挿入を繰り返すと，あるところで $L$ の長さが 0 になり，$M$ と $R$ だけになる．このとき，$M$ と $R$ を新しい $L$ と $M$ だとみなし，新たに長さが 0 の $R$ を作る．$\lceil \lg n \rceil$ の値は $w, w+1, w+2$ とする．すると新しい $L$ と $M$ についてはデータ構造を作り直す必要はなく，以下は同じことを繰り返せばよい．括弧列を削除するときは，これとは反対に，$R$ の長さが短くなっていくように括弧を右から左に移動させればよい．

以上より，次の定理を得る．

**定理 6.7** 節点数 $n$ の動的順序木は $2n + \mathrm{O}(n \lg \lg n / \lg n)$ ビットで表現でき，表 6.1, 6.2 の全ての問い合わせと木の更新を $\mathrm{O}(\lg n)$ 時間で行える．

なお，BP 表現による動的順序木の操作の多くは $\mathrm{O}(\lg n / \lg \lg n)$ 時間にすることができる [87]．また，動的なビットベクトルでの *rank/select* も同じデータ構造で実現できる．ビット列は FID と同様に 0 次経験エントロピーまで圧縮できる．

## 6.7　文献ノート

LOUDS 表現は Jacobson [64] による．BP 表現はよく知られた表現であるが，*findclose, enclose* の簡潔索引は Munro, Raman [77] によって提案された．しかしこの索引は複雑であるため，本書では Geary ら [45] による再帰的なデータ構造を説明している．DFUDS 表現は BP 表現での *findclose, enclose* では実現できない *child*（$i$ 番目の子）を実現するために Benoit ら [12] により提案されたが，後に BP 表現での *degree, child* の索引も提案されている [69]．しかしこれらもやはり複雑である．簡潔順序木に関する研究は多く存在し，それらは既存の索引にさらに索引を追加することで新しい操作を実現するものである．これらの研究を表 6.3 にまとめる．しかし，新しい操作が可能にはなるがどんどん索引のサイズは大きくなっていく．これを解決したのが BP 表現と区間最大最小木を用いた索引で，Navarro, Sadakane [87] によるものである．これはサイズが小さく，実装も簡単であり，データ構造の動的な変更にも対応できる．

表 6.3　順序木の簡潔索引．定数時間の演算のみ載せている．

| 表現 | 可能な演算 | 文献 |
|---|---|---|
| LOUDS | child, parent | Jacobson [64] |
| BP | firstchild, sibling, parent, depth, desc | Munro, Raman [77] |
| DFUDS | child, parent, degree, desc | Benoit et al. [12] |
| BP | leftmost_leaf, leaf_rank, leaf_select | Munro, Raman, Satti [78] |
| BP | lca | Sadakane [96] |
| BP | LA | Munro, Satti [79] |
| BP | findclose, enclose の簡単な索引 | Geary et al. [45] |
| TC | child, depth, LA, degree, desc | Geary, Raman, Raman [46] |
| DFUDS | lca, depth, LA, childrank | Jansson, Sadakane, Sung [65] |
| TC | lca, leftmost_leaf, leaf_rank, leaf_select | He et al. [58] |
| BP | degree, child | Lu, Yeh [69] |
| BP | 区間最大最小木に基づく索引 | Navarro, Sadakane [87] |

　本書で説明した 3 つの表現の他に，tree cover [46, 58] という手法（TC 表現）がある．これは $n$ ノードの順序木を $\Theta(n/\lg n)$ 個のサイズが $\Theta(\lg n)$ の部分木に分解し，索引を構築する方法で，各部分木の表現は何を用いてもよい．

　簡潔順序木の実装としては，LOUDS [28]，BP [45, 2] がある．また，ラベル付き木については Grossi, Ottaviano [53] がある．LOUDS を用いたラベル付き木は，かな漢字変換辞書の圧縮に実際に使われている[*9]．Joannou, Raman [66] は，スプレー木 [103] を用いて BP 表現の区間最大最小木を表す動的な簡潔順序木を実装した．

---

[*9] https://github.com/google/mozc

# 第7章

# 文字列検索のデータ構造

本章では，文字列検索の代表的な索引である接尾辞配列と接尾辞木を説明し，それらを圧縮する手法を説明する．また，文書集合に対する操作を実現するデータ構造についても説明する．

## 7.1 文字列検索の基本問題

**文字列検索**は非常に基本的だが情報検索において重要な処理である．インターネットが普及し，莫大な数の Web ページが存在する現在，サーチエンジンを用いて必要な情報を得ることは一般的になっている．また，**ゲノム情報処理** (genome informatics) においても，**DNA 配列**[*1] (DNA sequence) は文字列とみなせるため，類似文字列検索などにより遺伝子の解析が行われている．これらの文字列のデータ量は非常に多いため，高速検索の技術が必須である．

文字列検索の基本問題は，長さ $n$ の文字列 $T[1..n]$ から長さ $m$ のパタン[*2]$P[1..m]$ を発見する問題である．Web サーチエンジンでは $T$ は全 Web ページの集合，$P$ はユーザが指定したキーワードである．基本問題には以下のようなものがある．

1.1 **存在問い合わせ** (existing query): パタン $P$ が文字列 $T$ 中に存在するかどうか．

1.2 **頻度問い合わせ** (counting query): パタン $P$ が文字列 $T$ 中に何回出現す

---

[*1] ここでの配列は文字列の意味である．
[*2] パタンと文字列の意味は同じである．

るか.

1.3 **列挙問い合わせ** (enumerating query): パタン $P$ の文字列 $T$ 中での出現位置を全て求める.

なお,以下ではパタンの出現回数を $occ$ で表す. 文字列検索アルゴリズムは**逐次検索**と**索引検索**に分類できる. 前者としては KMP 法や BM 法などの線形時間 ($O(n+m)$) アルゴリズムが存在する ([56] 参照) が, 文字列 $T$ が長い場合には時間がかかる. 一方,後者では予め索引を作っておくため検索時に文字列全体を走査する必要がなく高速である. 索引の例としては,**転置ファイル** (inverted file) [15], **接尾辞木** (suffix tree) [107, 73, 105], **接尾辞配列** (suffix array) [72] などがある. また,部分文字列に対するハッシュ表を用いる方法も多く存在する.

また,これらよりも複雑な問題として以下のようなものがある [56].

2.1 **共通部分文字列** (longest common substring): 2つの文字列間の最長の共通部分文字列を求める.
2.2 $k$ **本の共通部分文字列**: 2つ以上の文字列のうち $k$ 本以上に共通する文字列を求める.
2.3 **最長共通延長** (longest common extension): 文字列の2つの部分文字列間の**最長共通接頭辞** (longest common prefix, $lcp$) の長さを求める[*3].
2.4 **極大対** (maximal pair): 文字列内に2回以上現れる部分文字列で長さが極大なものを求める.

これらの問い合わせはゲノム情報処理でも必要である. 例えば問題 2.2 は配列のモチーフ発見と関連し,問題 2.3 は文字の置換を考えた類似配列検索問題を解く際に用いられる. また問題 2.4 は長い2つの配列のアラインメントを計算する際に用いられる [27, 60].

これらの問題を索引を用いずに解こうとすると, 文字列を何度も走査する必要がある. 一方,索引を用いると高速に解くことができる. 問題 2.1, 2.4 は接

---

[*3] 文字列中の2か所から始まる部分文字列が等しい間, 部分文字列を右に延長していくことを意味する.

尾辞木で線形時間で解くことができ，問題 2.2, 2.3 は接尾辞木と木の最近共通祖先を求めるデータ構造を用いて線形時間で解くことができる．これらのアルゴリズムについては Gusfield の教科書 [56] を参照してほしい．

また，文字列を複数の文書の集合とすると，以下の問題も考えられる．

3.1 **単語頻度問い合わせ** (term frequency query): 文書 $d$ 中のパタン $P$ の出現頻度 $tf(P, d)$ を求める．

3.2 **文書頻度問い合わせ** (document frequency query): パタン $P$ を 1 つ以上含む文書の数 $df(P)$ を求める．

3.3 **文書列挙問い合わせ**)(document listing query): パタン $P$ を 1 つ以上含む文書を全て求める．

3.4 **文書マイニング問い合わせ** (document mining query): パタン $P$ を $k$ 個以上含む文書を全て求める．

文書列挙問い合わせが列挙問い合わせと異なる点は，1 つの文書中に指定されたパタンが複数存在する際に後者はパタンの出現位置を全て返すが，前者はパタンが 1 つ以上存在するということのみを返すという点である．文書列挙問い合わせは列挙問い合わせを用いて解くことができるが計算量が最適ではない．

$tf(P, d)$ と $df(P)$ は情報検索で広く用いられている文書のランク付け法である $tf*idf$ 法 [100] の計算で用いられる．このランク付け法ではユーザから指定された単語を多く含む文書のスコアが大きくなる．しかしその単語の $df(P)$ が大きい場合，つまり多くの文書に現れるような単語の場合は検索にはあまり役立たないためスコアを下げる．サーチエンジンで広く用いられている転置ファイルはこれらの値を予め計算して格納している．しかし任意のパタンに対して計算できるわけではない．問題 3.3, 3.4 に対しては接尾辞木と区間最小値問い合わせのデータ構造を用いた最適時間アルゴリズムが存在する [80].

本章ではこれらの問題を高速に解くためのデータ構造と，それらの簡潔データ構造を説明する．

## 7.2 接尾辞配列

アルファベット $\mathcal{A} = \{1, 2, \ldots, \sigma\}$ 上の文字列を考える. つまり文字列 $T[1..n]$ において $T[j] \in \mathcal{A}$ $(j = 1, 2, \ldots, n)$ である. アルファベットサイズは $\sigma$ である. $T$ の長さを $|T|$ で表す. つまり $|T| = n$ である. $T$ の部分文字列 $T[j..n]$ $(j = 1, 2, \ldots, n)$ を $T$ の接尾辞 (suffix) という. 接尾辞配列は文字列 $T[1..n]$ の全ての接尾辞 $T[j..n]$ $(j = 1, 2, \ldots, n)$ を辞書順にソートして格納した配列である.

辞書順は次のように定義される. 2つの接尾辞 $T[i..n], T[j..n]$ に対し, $T[i..n]$ が辞書順で $T[j..n]$ より小さいことを $T[i..n] < T[j..n]$ と表す.

**定義 7.1**

$T[i..n] < T[j..n]$

$\iff (T[i] < T[j]) \lor (T[i] = T[j] \land T[i+1..n] < T[j+1..n])$

なお, この定義を明確 (well-defined) にするために, 文字列の末尾には終端文字 \$ があると仮定する. 終端文字 \$ は他の文字よりもアルファベット順が小さいとする. つまり 0 に対応する. すると, 同じ文字列の2つの異なる接尾辞には必ず大小関係が決まる[*4].

以下では末尾に \$ を追加した文字列 $T[1..n+1]$ を考える. $T$ の各接尾辞 $T[j..n+1]$ $(j = 1, 2, \ldots, n+1)$ は先頭の文字の位置 $j$ で表現できるため, 接尾辞配列にはこの整数 $j$ を格納する. 配列の添え字は 0 から始まるとする. つまり, $T[j..n+1]$ が辞書順で小さい方から $i$ 番目 $(i = 0, 1, \ldots, n)$ のとき, $SA[i] = j$ とする. このとき常に $SA[0] = n+1$ となり, $SA[1..n]$ が元の文字列の接尾辞に対応する.

接尾辞配列 $SA$ は $n \lg n$ ビットで表現できる. この他に元の文字列 $T$ も必要で, それは $n \lg \sigma$ ビットである.

---

[*4] 異なる文字列に対しては接尾辞が一致することはある.

接尾辞配列を用いると，任意のパタン $P[1..m]$ の検索ができる．接尾辞は辞書順にソートされているため，各接尾辞の先頭 $m$ 文字についても辞書順にソートされている．よって2分探索によって $P[1..m]$ と一致する接尾辞配列の範囲 $[\ell, r]$ が求まる．これは各 $i \in [\ell, r]$ に対し $T[SA[i]..SA[i]+m-1] = P[1..m]$ であることを表す．つまり $P$ の出現頻度は $r-\ell+1$ となり，存在問い合わせと頻度問い合わせは $O(m \lg n)$ 時間となる．また，列挙問い合わせは各 $i \in [\ell, r]$ に対し $SA[i]$ を出力すればよいので，出現範囲を求めた後は出現頻度に比例する時間でできる．

接尾辞配列に加えて，$Lcp$ 配列と呼ばれる整数配列を用いることで頻度問い合わせの時間を $O(m \lg n)$ から $O(m + \lg n)$ にすることができる [72]．

また，文字列検索の基本問題だけではなく複雑な問題を解く場合には，$SA$ の逆関数である $SA^{-1}[1..n+1]$ を使うことがある．$SA^{-1}[j] = i$ は接尾辞 $T[j..n+1]$ の辞書順が $i$ である ($SA[i] = j$) ことを表す．$SA^{-1}$ を格納するには $n \lg n$ ビット必要である．

## 7.3　接尾辞木

接尾辞木は文字列 $T[1..n]$ の全ての接尾辞 $T[j..n]$ を格納する順序木である．接尾辞木の各葉ノードは，ある接尾辞に対応しており，その出現位置を格納する．枝には文字列のラベルがついており，根から葉ノードまでのパス上の枝ラベルを連結すると，その葉に対応する接尾辞になる．各内部ノードにおいて，そこから出る枝のラベルの最初の文字は異なる．また，内部ノードは必ず2つ以上の子を持つようにする．すると，葉の数は $n+1$ (\$ に対応するものを含む)，内部ノードの数は $n$ 以下となる．また，内部ノードから出る枝の数は $\sigma+1$ 以下となる．また，全ての内部ノードにおいて，子を枝ラベルの最初の文字のアルファベット順に並べると，葉は接尾辞の辞書順にソートされている．葉には接尾辞の出現位置が格納されているため，これは接尾辞配列と等しい．接尾辞木の例を図 7.1 に示す．

なお，全ての枝の枝ラベルの長さの合計は $\Theta(n^2)$ になり得る．よって，枝ラベルの文字列はそのまま格納せず，$T$ へのポインタとして表す．そうするこ

## 第7章 文字列検索のデータ構造

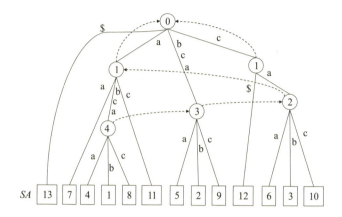

図 7.1 文字列 $T$ の接尾辞木と接尾辞配列．葉ノードには接尾辞の出現位置を格納している．これを辞書順に並べたものが接尾辞配列 $SA$ である．内部ノード内の数字はノードの文字列深さを表す．点線の枝は接尾辞リンクを表す．葉への枝のラベルは先頭の文字以外は省略している．

とで接尾辞木で用いる領域は $O(n)$ 語（$O(n \lg n)$ ビット）となる．つまり接尾辞配列と同じオーダだが，係数は大きくなる．

接尾辞で実現したい操作は次のものである．なお，$v, w$ は接尾辞木のノード，$c$ はアルファベット $\mathcal{A}$ の文字とする．

- $root()$: 根ノードを返す．
- $isleaf(v)$: $v$ が葉なら yes，そうでなければ no を返す．
- $str(v)$: 根からノード $v$ までのパス上の枝ラベルを連結した文字列を返す．
- $child(v, c)$: $v$ の子ノード $w$ で，枝 $(v, w)$ が文字 $c$ で始まるものを返す．そのようなノードが存在しなければ 0 を返す．
- $firstchild(v)$: $v$ の最初の子ノードを返す．
- $sibling(v)$: $v$ の次の弟を返す．
- $parent(v)$: $v$ の親を返す．
- $edge(v, d)$: $v$ とその親の間の枝のラベルの $d$ 番目の文字を返す．

- $node\_depth(v)$: $v$ のノード深さ[*5]を返す.
- $str\_depth(v)$: $v$ の文字列深さ ($str(v)$ の文字数) を返す.
- $lca(v,w)$: $v$ と $w$ の最近共通祖先 (lowest common ancestor) を返す.
- $sl(v)$: $v$ の接尾辞リンク (suffix link) を返す.

これらは以下で示すように定数時間で求まる.ただし $child(v,c)$ は $O(\lg\sigma)$ 時間,$str(v)$ は文字列の長さに比例した時間がかかる.これらの関数を効率的に求めるためのデータ構造の一例を示す.$str\_depth(v)$ は各ノードに答えをそのまま格納する.内部ノード $v$ に対して $edge(v,d)$ を求めるために,$v$ を根とする部分木内に存在するある葉に対応する接尾辞の位置を $v$ に格納する.葉に対しても同様に行うが,それは接尾辞配列としてすでに格納されている.$v$ に格納されている接尾辞の位置を $x$ とすると,$str(v)$ は,$T[x..x+str\_depth(v)-1]$ である.そして,$edge(v,d) = T[x+str\_depth(parent(v))+d]$ となる.なお,$v$ が根ノードのとき,$str\_depth(parent(v)) = -1$ とする.$child(v,c)$ は,$v$ から出ている枝の先のノードを $v_1, v_2, \ldots, v_k$ とすると,$edge(v_i, 1) = c$ となる $v_i$ を 2 分探索で求めればよい.$v_1, v_2, \ldots, v_k$ が配列に格納されていれば,2 分探索できるため,$child(v,c)$ の計算時間は $O(\lg\sigma)$ となる.

パタン $P$ の検索の擬似コードをアルゴリズム 7.1 に示す.計算時間は $O(|P|\lg\sigma)$ である.なお,このアルゴリズムは完全一致だけでなく,$P[1..m]$ の接頭辞で $T$ 内に現れるもので最長のものを見つけることができる.アルゴリズムの返り値 $(h,v)$ で $h$ は最長共通接頭辞 $P[1..h]$ の長さを表す ($0 \leq h \leq m$).また,$v$ は $P[1..h]$ と $str(v)$ の接頭辞が一致するようなノードの中で最も根に近いものを表す.つまり,$v$ を根とする部分木内の葉に格納されている接尾辞の位置が,$P[1..h]$ の全ての出現位置と等しい.これを全て求めるには,$v$ から深さ優先探索をして全ての葉を列挙すればよく,出現回数に比例した時間でできる.よって,接尾辞木を用いたパタンの存在問い合わせは $O(|P|\lg\sigma)$ 時間,列挙問い合わせは $O(|P|\lg\sigma+occ)$ 時間となる.頻度問い合わせを $O(|P|\lg\sigma)$ 時間で実現するには,各内部ノード $v$ に対し,それを根とする部分木内の葉の数,もしくは部分木内の葉で最も左にあるものの辞書順 $L[v]$ を格納する必要が

---

[*5] 通常の木の深さの意味だが,文字列深さと区別するためにノード深さと呼ぶ.

**アルゴリズム 7.1** $st\_prefix\_search(P)$: $T$ 内の文字列と一致する $P[1..m]$ の最長接尾辞の長さ $h$ と，最長接尾辞を表すノード $v$ のペア $(h,v)$ を返す.

1: $v \leftarrow root()$　　　　　　　　　　　　　▷ 接尾辞木の根ノードから探索する
2: $d \leftarrow 0$　　　　　　　　　　　　　　　▷ 枝の何文字目と比較するか
3: **for** $h \leftarrow 1, m$ **do**　　　　　　　　　　▷ $P$ の $h$ 文字目を探す
4: 　　**if** $d = 0$ **then**　　　　　　　　　　▷ 枝分かれがあるとき
5: 　　　　$w \leftarrow child(v, P[h])$
6: 　　　　**if** $w = 0$ **then**
7: 　　　　　　**return** $(h-1, v)$　　　　　▷ $P[1..h]$ が見つからなかった
8: 　　　　**end if**
9: 　　　　$\ell \leftarrow str\_depth(w) - str\_depth(v)$　　▷ $v$ から $w$ への枝の長さ.
10: 　　　$v \leftarrow w$
11: 　　　$d \leftarrow d + 1$
12: 　　**end if**
13: 　　**if** $edge(v, d) \neq P[h]$ **then**
14: 　　　　**return** $(h-1, v)$　　　　　　▷ $P[1..h]$ が見つからなかった.
15: 　　**end if**
16: 　　$d \leftarrow 1$
17: 　　**if** $d > \ell$ **then**　　　　　　　　　　▷ ある枝の探索が終わった
18: 　　　　$d \leftarrow 0$
19: 　　**end if**
20: **end for**
21: **return** $(m, v)$　　　　　　　　　　　　▷ 完全一致が見つかった.

ある．後者の場合，$v$ の部分木内の葉の数を求めるには，$L[sibling(v)] - L[v] + 1$ を計算すればよい．ただし $v$ が一番右の子の場合には，$v$ から木を上にたどって行って初めて現れた $sibling(v)$ を用いればよい．上る回数は $|P|$ 回以下なので，頻度問い合わせの時間計算量は変わらない．

**接尾辞リンク** (suffix link) は，接尾辞木の内部ノードから別の内部ノードへのポインタである．定義は以下のとおりである．

**定義 7.2（接尾辞リンク）** 接尾辞木の内部ノード $v$ の表す文字列 $str(v)$ の先頭の文字を $c$，残りの文字列を $\alpha$ とする（$\alpha$ は空文字列の場合もある）．このとき，$v$ の接尾辞リンク $sl(v)$ を，$str(w) = \alpha$ となるノード $w$ とする．

なお，根ノードの接尾辞リンクは根ノードを指すとする．

**補題 7.1** 接尾辞木の内部ノード $v$ に対し，$sl(v)$ は必ず存在する．

**証明：** 内部ノード $v$ が存在するということは，文字列 $T$ 中には $str(v) = c \cdot \alpha$ から始まる接尾辞が存在し，かつその直後には少なくとも2つの異なる文字 $c_1, c_2$ が現れていることを意味する．つまり $T$ の中には $\alpha c_1$ から始まる接尾辞と $\alpha c_2$ から始まる接尾辞が存在するため，それらが分かれるところである $str(w) = \alpha$ であるノード $w$ が存在する． □

接尾辞リンクは単なるポインタであるため，各内部ノードに格納しておけばよい．接尾辞リンクは文字列処理で重要である．接尾辞木の線形 ($O(n \lg \sigma)$) 時間構築アルゴリズムで必要となる他，2つの文字列の最長共通一致文字列を線形時間で求めるためなどで必要となる．

接尾辞リンクは各内部ノードに1つ存在し，リンクを1つたどるとノードの文字列深さが1ずつ減っていくので，最終的には根ノードに到達する．つまり接尾辞リンクを全て集めると，根に向かう有向木になっている．この枝の向きを反転したリンクを考える．これは Weiner リンクと呼ばれる．

**定義 7.3 (Weiner リンク)** 接尾辞木の内部ノード $v$ と文字 $c \in \mathcal{A}$ に対し，$v$ の Weiner リンク $wl(v,c)$ を，$str(w) = c \cdot str(v)$ となるノード $w$ とする．そのようなノードがない場合には $wl(v,c) = 0$ とする．

Weiner リンクは，Weiner の接尾辞木構築アルゴリズム [107] で用いられている．

最近共通祖先 $lca$ を求めるには，既存のデータ構造を用いればよい．$lca$ が求まると，最長共通延長 (longest common extension) が定数時間で求まる．これは，文字列 $T[1..n]$ と $T$ 中の位置 $s, t$ が与えられたときに，$T[s..s+\ell-1] = T[t..t+\ell-1]$ となる最大の $\ell$ を求める問題である．これは $SA^{-1}$ と接尾辞木での $lca$ データ構造があれば次のようにして定数時間で求まる．まず，$i = SA^{-1}[s]$ と $j = SA^{-1}[t]$ を求める．そして辞書順が $i$ と $j$ の接尾辞に対応する接尾辞木の葉を求め，それらの $lca$ を求めると，そのノードの

文字列深さが答えとなる．なお，$T[s+\ell] \neq T[t+\ell]$ であるため，接尾辞木の定義より $str(v) = T[s+\ell-1]$ となるノード $v$ は必ず存在する．

## 7.4 圧縮接尾辞配列

圧縮接尾辞配列 (compressed suffix array) とは，接尾辞配列のサイズを小さくしたものである．圧縮前の接尾辞配列のサイズは $n\lg n$ ビットであるが，これを $O(n\lg \sigma)$ ビットにできる．つまり，圧縮接尾辞配列のサイズは文字列のサイズに比例する．接尾辞配列の各要素は polylog($n$) 時間で復元できる．よって接尾辞配列を用いた検索アルゴリズムはあまり速度を落とすことなく実行できる．

圧縮接尾辞配列にはいくつかの実現法があるが，基本的な考えは，接尾辞配列の要素を間引き，いくつかの要素はそのまま格納し，それ以外の要素は接尾辞間の関係を表す関数で表現するというものである．

### 7.4.1 接尾辞配列の圧縮

圧縮接尾辞配列では，文字列 $T$ の接尾辞配列 $SA$ をそのまま格納するのではなく，$\Psi[i] = SA^{-1}[SA[i]+1]$ $(i = 0, 1, \ldots, n)$ で定義される $\Psi$ 関数を格納する ($SA[i] = n+1$ となる $i$ に対しては $\Psi[i] = SA^{-1}[1]$ とする)．図 7.2 は文字列 $T$ に対する接尾辞配列と圧縮接尾辞配列の各関数を表す．接尾辞配列は全ての要素ではなく $n/h$ 個の要素のみを格納する．$h$ はデータ構造のパラメタであり，任意の自然数である．格納されていない接尾辞配列の要素 $SA[i]$ を求める場合は，$SA[\Psi^k[i]]$ が格納されているような最小の $k > 0$ を求め，$SA[i] = SA[\Psi^k[i]] - k$ とする．

$\Psi[\cdot]$ の各要素は $0$ から $n$ の値であるため，そのまま格納すると $n\lg n$ ビット必要である．しかし $\Psi$ 関数は以下の性質を持つため，圧縮することができる．

**補題 7.2** $0 \leq i < j \leq n$ に対し，$T[SA[i]] = T[SA[j]]$ ならば $\Psi[i] < \Psi[j]$

**証明:** 定義より $\Psi[i] = SA^{-1}[SA[i]+1], \Psi[j] = SA^{-1}[SA[j]+1]$ である．つまり $\Psi[i]$ と $\Psi[j]$ の大小関係は接尾辞 $T[SA[i]+1..n+1]$ と $T[SA[j]+$

## 7.4 圧縮接尾辞配列

```
  1 2 3 4 5 6 7 8 9 10 11 12 13
T a b c a b c a a b c a c $
```

| $i$ | $D$ | $\Psi$ | $B$ | $SA$ | $T[SA[i]..n+1]$ |
|---|---|---|---|---|---|
| 0 | 1 | 3 | 0 | 13 | $ |
| 1 | 1 | 4 | 0 | 7 | a a b c a c $ |
| 2 | 0 | 6 | 1 | 4 | a b c a a b c a c $ |
| 3 | 0 | 7 | 0 | 1 | a b c a b c a a b c a c $ |
| 4 | 0 | 8 | 1 | 8 | a b c a c $ |
| 5 | 0 | 9 | 0 | 11 | a c $ |
| 6 | 1 | 10 | 0 | 5 | b c a a b c a c $ |
| 7 | 0 | 11 | 0 | 2 | b c a b c a a b c a c $ |
| 8 | 0 | 12 | 0 | 9 | b c a c $ |
| 9 | 1 | 0 | 1 | 12 | c $ |
| 10 | 0 | 1 | 0 | 6 | c a a b c a c $ |
| 11 | 0 | 2 | 0 | 3 | c a b c a a b c a c $ |
| 12 | 0 | 5 | 0 | 10 | c a c $ |

$C$

| | a | b | c | |
|---|---|---|---|---|
| | 1 | 6 | 9 | 13 |

$C^{-1}$

| | 1 | 2 | 3 | 4 |
|---|---|---|---|---|
| | $ | a | b | c |

$SA_0$

| | 1 | 2 | 3 |
|---|---|---|---|
| | 4 | 8 | 12 |

$SA_0^{-1}$

| | 1 | 2 | 3 |
|---|---|---|---|
| | 2 | 4 | 9 |

**図 7.2** 文字列 $T$ の圧縮接尾辞配列.

$1..n+1$ の辞書順で定義される.今,$T[SA[i]] = T[SA[j]]$ であるため,接尾辞 $T[SA[i]+1..n+1]$ と $T[SA[j]+1..n+1]$ の大小関係は接尾辞 $T[SA[i]..n+1]$ と $T[SA[j]..n+1]$ の大小関係と等しい.$i<j$ であり,接尾辞配列の定義から $T[SA[i]..n+1] < T[SA[j]..n+1]$ であるため,$\Psi[i] < \Psi[j]$ となる.     □

この補題より,$\Psi$ 関数は高々 $\sigma$ 個の狭義単調増加列に分解できることが分かる.また,$\Psi'[i] = T[SA[i]] \cdot (n+1) + \Psi[i]$ と定義すると,$\Psi'$ 関数は狭義単調増加関数になり,データ構造 GV を用いて $n(2+\lg\sigma) + O(n\lg\lg n / \lg n)$ ビットで表現でき,各 $\Psi'[i]$ と $\Psi[i], T[SA[i]]$ は定数時間で求まる($\Psi[i] = \Psi'[i] \bmod (n+1)$,$T[SA[i]] = \Psi'[i]/(n+1)$).

接尾辞配列のうちの $n/h$ 個の要素を格納する 1 つの方法は,$SA[i]$ が $h$ の倍数のもののみを別の配列 $SA_0$ に格納するというものである.こうすると全ての $i$ に対して高々 $2h-2$ 回の $\Psi$ の計算で $SA[i]$ を求めることができる.$j = SA[i]$ を求める場合,$SA[\Psi[i]] = j+1$ であるため,$SA[\Psi^k[i]]$ が $h$ の倍数になるような最小の $k$ を求めればよい.通常は $k \leq h-1$ だが,文字列の

**アルゴリズム 7.2** $csa\_lookup(i)$: $SA[i]$ を求める.

1: $k \leftarrow 0$
2: **while** $B[i] = 0$ **do**
3: $\quad k \leftarrow k + 1$
4: $\quad i \leftarrow \Psi[i]$
5: **end while**
6: $j \leftarrow SA_0[rank_1(B, i)] - k$
7: **if** $j \leq 0$ **then** $j \leftarrow j + n + 1$
8: **end if**
9: **return** $j$

末尾で $\Psi$ を求めると $SA$ の値が 1 になるため,さらに $h - 1$ 回の $\Psi$ の計算が必要である.どの要素が $SA_0$ に格納されているかを記憶するために,長さ $n + 1$ のビットベクトル $B$ を用いる.$B[i] = 1$ ならば $SA[i]$ が格納されていることを表し,その要素は $SA_0[rank_1(B, i)]$ に格納するとする.$SA[i]$ を求める関数の擬似コードをアルゴリズム 7.2 に示す.

$B$ は FID を用いて $\mathcal{B}(n/h, n) + O(n \lg \lg n / \lg n)$ ビットで表現できる.$h = \Omega(\lg n)$ のときこれは $O(n \lg \lg n / \lg n)$ ビットである.配列 $SA_0$ は $n \lg n / h = O(n)$ ビットである.$SA[i]$ は $O(h) = O(\lg n)$ 時間で復元できる.$h = \Theta(\lg^{1+\varepsilon} n)$ のとき ($\varepsilon$ は任意の正定数),$SA_0$ は $o(n)$ ビットで格納でき,$SA[i]$ は $O(\lg^{1+\varepsilon} n)$ 時間で復元できる.

以上より,次の定理を得る.

**定理 7.1 (データ構造 CSA-GV [54])** 長さ $n$,アルファベットサイズ $\sigma$ の文字列の接尾辞配列は,$n(2 + \lg \sigma) + O(n \lg n / h) + O(n \lg \lg n / \lg n)$ ビットで表現でき,接尾辞配列の 1 つの要素は $O(h)$ 時間で計算できる ($h$ は任意の正定数).

なお,配列 $SA_0$ をそのまま格納するのではなく,それを再帰的に表現することもできる.$SA_0$ は長さ $n/h$ の別の文字列 $T'$ の接尾辞配列になっているため,$T'$ の圧縮接尾辞配列を再帰的に作成する.こうすることで,$SA[i]$ の復元速度を $O(\lg n)$ から $O(\varepsilon^{-1} \lg^{\varepsilon} n)$ にすることができる ($0 < \varepsilon \leq 1$ は任意の定数).データ構造のサイズは $O(\varepsilon^{-1} n \lg \sigma)$ ビットになる [54].

## 7.4 圧縮接尾辞配列 — 145

**アルゴリズム 7.3** $csa\_lookup2(i)$: $SA[i]$ を求める.

1: $k \leftarrow 0$
2: **while** $i \bmod h \neq 0$ **do**
3: $\quad k \leftarrow k + 1$
4: $\quad i \leftarrow \Psi[i]$
5: **end while**
6: $j \leftarrow SA'_0[i/h] - k$
7: **if** $j \leq 0$ **then** $j \leftarrow j + n + 1$
8: **end if**
9: **return** $j$

実用的には,次のアルゴリズムが有益である.$SA[i]$ が $h$ の倍数の場合に $SA_0$ に格納するのではなく,$i$ が $h$ の倍数の場合に $SA'_0$ に格納するように変更する.擬似コードをアルゴリズム 7.3 に示す.すると,ベクトル $B$ が不要になり領域を節約できる.また,圧縮されたベクトルで $B[i]$ を求める処理も不要になるため高速になる.ただし,$i$ が $h$ の倍数になるまでに $\Psi$ を計算する回数の上限値を抑えることができなくなり,期待値としても回数が2倍になる.

### 7.4.2 自己索引化

第 7.4.1 項の手法は接尾辞配列 $SA$ を $n \lg n$ ビットから $O(n \lg \sigma)$ ビットに圧縮し,代わりに $SA[i]$ の計算時間が $O(1)$ から $O(\lg^{\varepsilon} n)$ 時間になるものであった.これを用いてパタン $P$ の出現頻度を求めると,$O((|P| + \lg^{\varepsilon} n) \lg n)$ 時間かかる.また,接尾辞配列のサイズはテキストと同じオーダになったが,パタンの検索には元のテキスト $T$ も必要である.**自己索引** (self-index) とは,データを検索するための索引構造であって,検索時に元データを必要としないデータ構造を表す.ここでは,接尾辞配列を自己索引化する手法を説明する.

接尾辞配列を用いたパタン $P$ の検索アルゴリズムを振り返ると,まず接尾辞配列の中央の要素 $j = SA[n/2]$ を求め,$j$ から始まる長さ $|P|$ の部分文字列 $T[j..j + |P| - 1]$ と $P$ を比較し,その大小関係に従って探索範囲を絞っていくものであった.圧縮接尾辞配列を用いた場合,$j$ の計算で $O(\lg^{\varepsilon} n)$ 時間かかり,その後 $T$ を用いる必要がある.しかしここで必要なのは $j$ の値ではなく,

**アルゴリズム 7.4** $csa\_substring(i, \ell)$: 部分文字列 $T[SA[i]..SA[i]+\ell-1]$ を求める.

1: **for** $k \leftarrow 1, \ell$ **do**
2:     $S[k] \leftarrow \Psi'[i]/(n+1)$     ▷ $T[SA[i]]$
3:     $i \leftarrow \Psi'[i] \bmod (n+1)$     ▷ $\Psi[i]$
4: **end for**
5: **return** $S$

辞書順で中央の接尾辞の先頭の $|P|$ 文字だけである.実はこれは以下のように $\Psi'$ 関数から直接計算できる.

まず,$T[j..j+|P|-1]$ の先頭の文字 $T[j]$ $(j = SA[i])$ を求めることを考える.これは $T[SA[i]] = \Psi'[i]/n$ で簡単に求まる.次に,2番目の文字 $T[j+1]$ を求めることを考える.この文字は接尾辞 $T[j+1..n+1]$ の先頭の文字であり,その辞書順は $\Psi[i]$ である.辞書順が求まれば1文字目と同様に2文字目も求まる.3文字目以降も同様に求まる.擬似コードをアルゴリズム 7.4 に示す.

なお,$csa\_substring(i, \ell)$ を用いて $T$ の部分文字列 $T[s..t]$ を復元するには,接尾辞 $T[s..n+1]$ の辞書順が必要である.つまり接尾辞配列の逆関数 $i = SA^{-1}[s]$ を計算する必要がある.$SA$ の圧縮のときと同様に,$SA^{-1}$ を間引いて格納する.整数配列 $SA_0^{-1}[1..n/h]$ を $SA_0^{-1}[i] = SA^{-1}[ih]$ とする.すると高々 $2h - 2$ 回 $\Psi$ 関数を計算すれば $SA^{-1}[s]$ が求まる.配列 $SA_0^{-1}$ は $n \lg n/h$ ビットである.

以上より次の定理を得る.

**定理 7.2** 文字列 $T$ 中のパタン $P[1..m]$ の存在または頻度問い合わせは,$T$ の $\Psi'$ 関数のみを用いて $O(m \lg n)$ 時間で行える.また,$O(n \lg n/h)$ ビットの補助データ構造を追加することで($h$ は任意の正定数),$T$ の接尾辞配列の 1 つの要素は $O(h)$ 時間で計算でき,$T$ の任意の位置の長さ $\ell$ の部分文字列は $O(\ell + h)$ 時間で復元できる.

### 7.4.3 後方探索

前述のパタン検索アルゴリズムでは,接尾辞配列上での2分探索を模倣して

**アルゴリズム 7.5** $csa\_bsearch(P)$: パタン $P[1..m]$ の辞書順の範囲 $[\ell, r]$ を求める.

1: $c \leftarrow P[m]$
2: $\ell \leftarrow C[c], r \leftarrow C[c+1] - 1$
3: **for** $k \leftarrow m-1, 1$ **do**
4:     $c \leftarrow P[k]$
5:     $\ell \leftarrow \underset{j:C[c] \leq j \leq C[c+1]-1}{\mathrm{argmin}} \{\Psi[j] \geq \ell\}$
6:     $r \leftarrow \underset{j:C[c] \leq j \leq C[c+1]-1}{\mathrm{argmax}} \{\Psi[j] \leq r\}$
7: **end for**
8: **return** $[\ell, r]$               ▷ $\ell > r$ のときは解なし.

いた.この検索を高速化するためには,2分探索に基づかないアルゴリズムが必要である.そこで提案されたのが**後方探索** (backward search) である.

後方探索は,パタン $P[1..m]$ を検索する際に,まず最後の文字 $P[m]$ に対応する接尾辞配列の区間 $[\ell, r]$ を求め,それから順に $P[m-1..m], P[m-2..m], \ldots, P[1..m]$ に対応する接尾辞配列の区間を求めていくアルゴリズムである.擬似コードをアルゴリズム 7.5 に示す.なお,配列 $C[1..\sigma+1]$ において,$C[c]$ は文字 $c$ から始まる接尾辞で辞書順が最小のものの辞書順とする.また,$C[\sigma+1] = n+1$ とする.すると,$[C[c], C[c+1]-1]$ は接尾辞配列で文字 $c$ に対応する(接尾辞の先頭の文字が $c$ である)範囲となる.

なお,argmin, argmax の計算で条件を満たす $j$ が存在しない場合,argmin は $j$ のとり得る値の最大値 $+1$,argmax は $j$ のとり得る値の最小値 $-1$ を返すものとする.

**補題 7.3** アルゴリズム 7.5 はパタン $P[1..m]$ に対応する辞書順の範囲 $[\ell, r]$ を正しく求める.

**証明:** まず,$P$ が文字列中に存在する場合を考える.$P[m]$ に対応する辞書順の範囲が $[C[c], C[c+1]-1]$ となるのは明らかである.パタン $P[i+1..m]$ の辞書順の範囲 $[\ell_{i+1}, r_{i+1}]$ が求まっているときに,パタン $P[i..m]$ の辞書順の範囲 $[\ell_i, r_i]$ を求めることを考える.$[\ell_i, r_i]$ は $c = P[i]$ の範囲 $[C[c], C[c+1]-1]$ に含まれる.その中で,$\Psi[j] < \ell$ となる $j$ については,$T[SA[\Psi[j]..n+1]$ は

$P[i+1..m]$ より辞書順が小さい．同様に，$\Psi[j] > r$ となる $j$ については，$P[i+1..m]$ より辞書順が大きい．それ以外の $j$ については，$P[i..m]$ の辞書順の範囲に含まれるため，アルゴリズムは正しく答えを計算する．次に，$P$ が文字列中に存在しない場合を考える．$c = P[m]$ が文字列中に存在しない場合，$C[c] = C[c+1]$ となるため $\ell > r$ となる．$P[i+1..m]$ は存在するが $P[i..m]$ が存在しない場合，この段階で $\ell > r$ となり，それ以降の反復では常に $\ell > r$ となる． □

図 7.2 の例でパタン cab を検索する場合を考える．まず，b の辞書順の範囲は $[6,8]$ である．次に ab の範囲を求める．a の範囲は $[1,5]$ であり，この中では $\Psi$ は単調増加であり，値は 4, 6, 7, 8, 9 である．b の範囲は $[6,8]$ であるため，これを含む極大な a の範囲は $[2,4]$ であり，これが ab の範囲となる．同様に，c の範囲は $[9,12]$ であり，この中で $[2,4]$ を含む極大な範囲は $[11,11]$ となり，これがパタン cab の辞書順の範囲となる．

なお，このアルゴリズムのメインの部分は

$$\ell \leftarrow \mathop{\mathrm{argmin}}_{j: C[c] \leq j \leq C[c+1]-1} \{\Psi[j] \geq \ell\},$$
$$r \leftarrow \mathop{\mathrm{argmax}}_{j: C[c] \leq j \leq C[c+1]-1} \{\Psi[j] \leq r\}$$

であるが，これはあるパタン $P$ の辞書順の範囲 $[\ell, r]$ が求まっているときに，その先頭に文字 $c$ を追加した $c \cdot P$ というパタンの辞書順を計算している．この部分を $\mathit{left\_extension}([\ell, r], c)$ という関数で表すことにする．

このアルゴリズムで範囲 $[\ell, r]$ を更新するには，単純には $\Psi$ の上で 2 分探索をすればよい．すると計算量は $O(m \lg n)$ となり，これまでと同じになる．これを高速化することを考える．

$\Psi$ 関数が $\Psi'$ 関数で表されているとする．つまり，長さ $(\sigma+1)(n+1)$ のビットベクトル $M[0..(\sigma+1)(n+1)-1]$ を用い，$\Psi[i] = j, T[SA[i]] = c$ のとき $M[c(n+1)+j] = 1$ とする．すると

$$\mathop{\mathrm{argmin}}_{j: C[c] \leq j \leq C[c+1]-1} \{\Psi[j] \geq \ell\} = \mathit{rank}_1(M, c(n+1)+\ell-1)+1,$$
$$\mathop{\mathrm{argmax}}_{j: C[c] \leq j \leq C[c+1]-1} \{\Psi[j] \leq r\} = \mathit{rank}_1(M, c(n+1)+r)$$

となる．ただし求まった値が $[C[c], C[c+1]-1]$ の範囲外ならば解がないことを表す．

$\Psi'$ では，このベクトルをデータ構造 GV で表していた．データ構造 GV では $select_1$ だけ計算でき $rank_1$ は計算できない（2 分探索で $O(\lg n)$ 時間で計算することはできる）．データ構造 FID を用いれば $rank_1$ は定数時間で計算できるが，データ構造のサイズが $\mathcal{B}(n, (\sigma+1)(n+1)n) + O(\sigma n \lg \lg n / \lg n)$ ビットであり，第 2 項が大きすぎる．

$\Psi'$ を表すのにデータ構造 PAGH を使うことを考える．$\sigma = \text{polylog}(n)$ ならば，データ構造の条件を満たし，$\mathcal{B}(n, (\sigma+1)(n+1)) + O(n(\lg \lg n)^2 / \lg n) = n \lg \sigma + O(n(\lg \lg n)^2 / \lg n)$ ビットのデータ構造を用いて $rank_1$ と $select_1$ を定数時間で求めることができる．よって，次の定理を得る．

**定理 7.3 (データ構造 CSA-P [96])** [*6] 長さ $n$，アルファベットサイズ $\sigma$ の文字列の $\Psi'$ 関数は，$\sigma = \text{polylog}(n)$ のとき $n \lg \sigma + O(n(\lg \lg n)^2 / \lg n)$ ビットで表現でき，$P[1..m]$ の存在または頻度問い合わせは $O(m)$ 時間で行える．

## 7.4.4 $\Psi$ の圧縮

前項までのデータ構造では，$\Psi$ は $n \lg \sigma$ ビットまたはそれ以上の領域を使っていた．つまり元の文字列より大きい．本項では，これを元の文字列より小さく圧縮することを目指す．

1 つ目の方法は，$\Psi$ を $\Psi'$ に変換して 1 つの単調増加列にするのではなく，各単調増加列ごとに圧縮する手法である．接尾辞配列で接尾辞の先頭の文字が $c$ である範囲 $[C[c], C[c+1]-1]$ に対し，この範囲内の $\Psi[i]$ の値を長さ $n+1$ のビットベクトルで表す．1 の数は $C[c+1] - C[c]$ で，これを $n_c$ とおく．このベクトルをデータ構造 GV で圧縮すると $n_c \left(2 + \left\lceil \lg \frac{n+1}{n_c} \right\rceil \right) + O(n_c \lg \lg n_c / \lg n_c)$ ビットとなり，$select_1$ が定数時間で求まる．全ての文字 $c \in \mathcal{A}$ に対して同様に圧縮すると，サイズの合計は $\sum_{c \in \mathcal{A}} \left( n_c \left(2 + \left\lceil \lg \frac{n+1}{n_c} \right\rceil \right) + O(n_c \lg \lg n_c / \lg n_c) \right) = n(3 + H_0) + O(n \lg \lg n / \lg n)$ となる．なお，この他に各データ構造へのポインタが必要であり，これは $\sigma(\lg n + \lg \sigma)$ ビットで表現できる．

---

[*6] P は Pagh または predecessor を表す．

なお，このデータ構造では $T[SA[i]]$ の値を計算することができないため，別のデータ構造が必要となる．$T[SA[i]]$ はアルファベット順に並んでいるため，ビットベクトル $D[0..n]$ を用いて表すことができる．$i = 0$ または $T[SA[i]] \neq T[SA[i-1]]$ のときに $D[i] = 1$，それ以外のときに $D[i] = 0$ とする．すると，$T[SA[i]] = C^{-1}[rank_1(D, i)]$ となり，定数時間で計算できる．ここで，$C^{-1}[i]$ は $T$ 内に出現する文字でアルファベット順で $i$ 番目のものを格納する配列である．$D$ 内の $1$ の数は $\sigma + 1$ であるため，ベクトルは $\sigma \lg \frac{n}{\sigma} + \mathrm{O}(\sigma) + \mathrm{O}(n \lg \lg n / \lg n)$ ビットに圧縮できる．$C^{-1}$ は $\sigma \lg \sigma$ ビットである．

**定理 7.4 (データ構造 CSA-S [97])** 長さ $n$，アルファベットサイズ $\sigma$ の文字列の $\Psi$ 関数は，$n(2 + H_0) + \mathrm{O}(n \lg \lg n / \lg n) + \mathrm{O}(\sigma(\lg n + \lg \sigma))$ ビットで表現でき，$\Psi[i]$ と $T[SA[i]]$ は定数時間で求まる．

2つ目の方法は，ビットベクトルでの select を用いないものである．select を定数時間で求めるデータ構造は実用上はサイズのオーバーヘッドが大きく，実行速度もあまり速くない．そこで $\Psi[i]$ の計算は定数時間ではなくなるが，簡単に実装できる方法を考える．ただし，探索アルゴリズムを変更し，$\Psi[i]$ が定数時間で求まらない場合でもパタンの検索時間は悪くならないようにできる．

$\Psi$ は区分的に単調増加であるため，$\Psi[i]$ は直前の値 $\Psi[i-1]$ からの差分 $d[i] = \Psi[i] - \Psi[i-1]$ で表せる．直前の値がないときは $d[i] = \Psi[i]$ とする．差分は小さな自然数である場合が多いため，ガンマ符号やデルタ符号で圧縮できる．なお，$\Psi[i] = 0$ となる場合があり，デルタ符号などで表せなくなるため，全ての値に 1 を加えておく．こうしても差分値は変わらない．自然数 $h$ に対するデルタ符号を $\delta(h)$，その長さを $|\delta(h)|$ で表す（第 2.6.4 項参照）．文字 $c$ に対応する接尾辞配列の範囲 $[\ell, r] = [C[c], C[c+1] - 1]$ で $\Psi$ を符号化することを考える．この範囲の $\Psi$ の値をデルタ符号で符号化したときの符号長は $\sum_{i=\ell}^{r} |\delta(d[i])| \leq n_c |\delta(n/n_c)|$ となる（$n_c = r - \ell + 1$ は文字 $c$ の出現頻度）．全ての文字に対して和をとると，$\Psi$ に対する符号長は $\sum_{c=1}^{\sigma} n_c |\delta(n/n_c)| = n(1 + H_0(T) + 2 \lg H_0(T))$ となる．つまり，$T$ の 0 次のエントロピー近くまで圧縮できることが分かる．

なお，$\Psi[i]$ を計算するには，差分の値を 1 つずつ復号し，和を求める必要がある．これを高速化するために，$i$ が $\lg n$ の倍数の時に $\Psi[i]$ をそのまま格納しておく．また，デルタ符号の列の中で $d[i+1]$ の符号に対応する部分へのポインタを格納しておく．すると $i$ が $\lg n$ の倍数ではないときに，まず格納されている $\Psi[i']$ を引き，次に $d[i']$ から $d[i]$ のデルタ符号を順に復号し，和を求める．これで $\Psi[i]$ は $O(\lg n)$ 時間で求まる．

$\Psi[i]$ での 2 分探索をする場合，まず直接格納されている $\Psi$ の値を使って 2 分探索をする．その後，差分の値を順番に足していき探索をする．この時は 2 分探索ではなく逐次探索であるが，探索する個数は $\lg n$ 未満である．このように，単純な圧縮法でも 0 次のエントロピー近くまで圧縮でき，パタンの探索も $O(m \lg n)$ でできる．なお，パタンの出現位置を求めるには 1 つあたり $O(h \lg n)$ 時間必要である．

## 7.5 圧縮接尾辞木

接尾辞木は，葉ノードが接尾辞配列に対応し，それは圧縮接尾辞配列を用いて圧縮できる．しかしその他の構成要素は依然として大きい．本節ではそれらの構成要素を圧縮する手法を説明する．以下では，接尾辞配列は圧縮接尾辞配列で表現されているとし，そのサイズを $|CSA|$ と表す[*7]．また，$\Psi[i]$ を計算する時間を $T_\Psi$，$SA[i]$ と $SA^{-1}[j]$ を計算する時間を $T_{SA}$，長さ $m$ のパタンに対応する接尾辞配列の範囲を計算する時間を $T_{search}(m)$ と表す．

以下では接尾辞木の構成要素: 木構造，文字列深さ，枝ラベル，接尾辞リンクを圧縮し，第 7.3 節の接尾辞木の操作を実現することを考える．

### 7.5.1 木構造

文字列長が $n$ のとき，接尾辞木はちょうど $n$ 個の葉と高々 $n-1$ 個の内部ノードを持つ．よって木構造は順序木を表すデータ構造を用いて $4n + o(n)$ ビットで表現できる．ここでは BP 表現を用いる．木のノードはその BP 表現

---

[*7] $CSA$ は compressed suffix array を意味する．

$P$ 上の括弧のペア [( ... )] で表現され，その開き括弧の位置で代表される．区間最大最小木を索引として用いれば，$root()$, $firstchild(v)$, $sibling(v)$, $parent(v)$, $node\_depth(v)$, $lca(v, w)$ は定数時間で求まる．

また，葉ノードは BP 表現において [()] で表されるため，$isleaf(v)$ も定数時間である．

## 7.5.2 ノードの文字列深さの表現

接尾辞木のノードの文字列深さ（根からそのノードまでの枝のラベルの文字数）を格納する方法を考える．まず，配列 $Hgt$ を定義する．

2つの文字列 $s, t$ の最長共通接頭辞 ($lcp$) の長さを $lcp(s, t)$ で表すとする．そして $Hgt[1..n]$ を次のように定義する．

**定義 7.4**
$$Hgt[i] \equiv lcp(T[SA[i-1]..n]), T[SA[i]..n])$$

つまり，接尾辞配列で隣接する接尾辞間の $lcp$ を格納する配列である．なお，$Hgt[1]$ は常に 0 になる．

$Hgt$ 配列は長さ $n$ の配列であり，各値は 0 から $\Theta(n)$ までとり得るため，それらを格納するには 1 つあたり $\lg n$ ビット必要である．よって全体では $n \lg n$ ビット必要だが，これを $2n + o(n)$ ビットに圧縮することができる．ただし接尾辞配列または圧縮接尾辞配列と共に用いる必要がある．

**補題 7.4** $SA[i]$ が与えられたとき，$Hgt[i]$ は $2n + O(n \lg \lg n / \lg n)$ ビットのデータ構造を用いて定数時間で計算できる．

以下ではこの補題を証明する．

$Hgt$ 配列を圧縮するには，以下の性質を用いる．

**補題 7.5** $Hgt[\Psi[i]] \geq Hgt[i] - 1$

**証明：** $p = SA[i-1]$, $q = SA[i]$, $\ell = Hgt[i] = lcp(T_p, T_q)$ とする．もし $T[p] \neq T[q]$ ならば $Hgt[i] = 0$ かつ $Hgt[\Psi[i]] \geq 0$ であるから成り立つ．もし $T[p] = T[q]$ ならば接尾辞 $T[p+1..n]$ と $T[q+1..n]$ を考える．$\Psi$ の定義

## 7.5 圧縮接尾辞木

| SA | 7 4 1 8 11 5 2 9 12 6 3 10 |
|---|---|
| Hgt | 0 1 4 4 1 0 3 3 0 1 2 2 |

| SA+Hgt | 7 5 5 12 12 5 5 12 12 7 5 12 |

↓

| | 5 5 5 5 5 7 7 12 12 12 12 12 |

| H | 000001 1 1 1 1 001 1 000001 1 1 1 1 |

**図 7.3** $Hgt$ の格納法. $SA[i] + Hgt[i]$ を $SA[i]$ の小さい順に並べると単調増加列になり, $2n$ ビットのベクトル $H$ で表せる.

より $SA[\Psi[i-1]] = p+1$ かつ $SA[\Psi[i]] = q+1$ となる. $T[p] = T[q]$ かつ $T[p..n] < T[q..n]$ より $T[p+1..n] < T[q+1..n]$ となる. つまり $\Psi[i-1] < \Psi[i]$ である. よってある整数 $i'$ が存在し $\Psi[i-1] + 1 = i' \leq \Psi[i]$ となる. 接尾辞 $T[SA[i']..n]$ の辞書順は $T[p+1..n]$ より大きく $T[q+1..n]$ より小さいため, これらの長さ $\ell - 1$ の接頭辞は一致する. よって証明された. □

この補題より, $p = SA^{-1}[1]$ とすると

$$Hgt[p] + 1 \leq Hgt[\Psi[p]] + 2$$
$$\leq Hgt[\Psi^k[p]] + k + 1$$
$$\leq Hgt[\Psi^{n-1}[p]] + n$$
$$= Hgt[SA^{-1}[n]] + n$$
$$= n$$

が成り立つ. なお, $T[n..n+1]$ は $T[n]$ で始まる接尾辞の中で最も辞書順が小さいため $Hgt[SA^{-1}[n]] = 0$ となる. つまり, 範囲 $[1, n]$ に長さ $n$ の単調増加列 $Hgt[\Psi^{k-1}[p]] + k = Hgt[SA^{-1}[k]] + k$ $(k = 1, 2, \ldots, n)$ が存在する. これらは $2n$ ビットで表現できる. 図 7.3 は単調増加列の例である. このビット列を $H[1..2n]$ とする.

$k = SA[i]$ とすると, $Hgt[i]$ は次のように計算できる.

$$Hgt[i] = select_1(H, k) - 2k$$

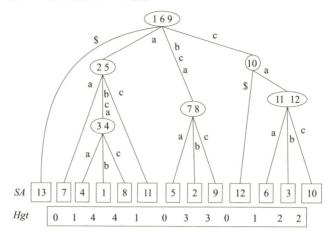

**図 7.4** ノードの通りがけ順と $Hgt$ 配列. 通りがけ順が $i$ のノードの文字列深さは $Hgt[i]$ と一致する.

つまり，$SA[i]$ の値が分かっていれば，定数時間で求まる．

以上より，$Hgt[i]$ は計算できるようになった．しかし，内部ノード $v$ の文字列深さを求めるには，$v$ と $i$ の関係を調べる必要がある．そのために，内部ノードの通りがけ順 (inorder) を用いる（定義 6.2 参照）．子を $k$ 個持つノードは通りがけ順を $k-1$ 個持つ．接尾辞木の場合，全ての内部ノードは子を 2 つ以上持つため，全ての内部ノードが 1 つ以上の通りがけ順を持つ．また，葉は通りがけ順を持たない．図 7.4 は通りがけ順の例を表す．ノードの中の各数字はそのノードの通りがけ順を表す．根ノードは子を 4 個持つため，通りがけ順は 3 つ定義され，その値は 1, 6, 9 である．

**補題 7.6** 通りがけ順 $i$ を持つ内部ノードの文字列深さは $Hgt[i]$ である．

**証明：** 通りがけ順 $i$ を持つ内部ノードを $v$ とする．接尾辞木の深さ優先探索において，ある葉 $\ell_1$ から辞書順で次の葉 $\ell_2$ に行くまでに訪れるノードを考えると，この間に定義される通りがけ順はちょうど 1 つである．よって，$T[SA[i-1]..n]$ に対応する葉 $\ell_1$ から $T[SA[i]..n]$ に対応する葉 $\ell_2$ に行くまでに定義される通りがけ順の値は $i$ である．また，通りがけ順が定義されるノードは 2 つの葉の最近共通祖先であるため，$\ell_1$ と $\ell_2$ に対応する接尾辞の最

長共通接頭辞の長さは $v$ の文字列深さと一致する．$Hgt[i]$ の定義より，接尾辞 $T[SA[i-1]..n]$ と $T[SA[i]..n]$ は長さ $Hgt[i]$ の接頭辞を共有する．つまり，$v$ の文字列深さは $Hgt[i]$ である． □

なお，接尾辞配列に $Lcp$ 配列を追加すると頻度問い合わせの時間を $O(m \lg n)$ から $O(m + \lg n)$ にできたが，$Lcp$ 配列は $n \lg n$ ビットの領域を占める．しかし，$Hgt$ 配列と区間最小値問い合わせのデータ構造を用いると，$Lcp$ 配列を $6n + o(n)$ ビット（$4n$ ビットが接尾辞木の括弧表現，$2n$ ビットが $Hgt$ 配列）に圧縮できる．この場合は接尾辞配列を圧縮していないため，$Hgt$ の計算は定数時間である．

### 7.5.3 枝ラベルの表現

枝ラベルは文字列であり，接尾辞木の表現する文字列 $T$ の部分文字列である．よって従来の接尾辞木データ構造では枝ラベルは $T$ へのポインタとして表される．第 7.5.2 項のデータ構造により，各ノードの文字列深さは求まるため，枝ラベルの長さも求まる．よって各枝ラベルに対し，それが対応する $T$ の部分文字列の先頭位置が求まれば枝ラベルを表現できる．

内部ノード $v$ と $parent(v)$ の間の枝の枝ラベルは $T[SA[i]+d_1..SA[i]+d_2-1]$ である．ここで，

$$i = inorder(v)$$
$$d_1 = Hgt[inorder(parent(v))]$$
$$d_2 = Hgt[i]$$

である．よって，$edge(v, d) = T[SA[i] + d_1 + d - 1]$ は $O(T_{SA})$ 時間で求まる．1つの枝ラベル上の全ての文字は $O(T_{SA} + (d_2 - d_1)T_\Psi)$ 時間で求まる．

### 7.5.4 木の巡回操作

#### 7.5.4.1 根と葉ノード

根ノードは常に行きがけ順が 1 であり，$P$ の最初の括弧で表される．よっ

て $root() \equiv 1$ である.

葉ノードと BP 表現での [()] は一対一に対応する.よって $isleaf(v)$ は定数時間で求まる.

### 7.5.4.2 子ノードを求める

まず,あるノードの長男や弟を求めることは,BP 表現での操作で定数時間でできる.しかし接尾辞木で必要なのは,ノード $v$ の子 $w$ のうちで,$v$ から $w$ への枝が指定された文字 $c$ で始まるものを求める操作 $w = child(v,c)$ である.これを求めるアルゴリズムは次の 3 つが考えられる.

- $O(\sigma \cdot T_{SA})$ 時間アルゴリズム: $v$ の子 $w$ を $firstchild$ と $sibling$ を用いて 1 つずつ列挙し,枝 $(v,w)$ のラベルの 1 文字目を求め,それが $c$ になっているものを求めれば,$O(\sigma T_{SA})$ 時間で求まる.

- $O(\lg n \cdot T_{SA})$ 時間アルゴリズム: また,$v$ の文字列深さを $d$ とすると,$v$ を根とする部分木に含まれる接尾辞は長さ $d$ の接頭辞を共有し,それらの接尾辞を辞書順に並べるとそれらの $d+1$ 文字目はアルファベット順にソートされている.よって $d+1$ 文字目が $c$ である接尾辞の接尾辞配列中での区間 $[l,r]$ は 2 分探索で求まる.そして $w$ は $T[SA[l]..n]$ と $T[SA[r]..n]$ に対応する葉の $lca$ である.よって $child(v,c)$ は $O(\lg n \cdot T_{SA})$ 時間で求まる.

- $O(\lg \sigma \cdot T_{SA})$ 時間アルゴリズム: $v$ の $i$ 番目の子を定数時間で求める操作を用いれば,$child(v,c)$ は $O(\lg \sigma \cdot T_{SA})$ 時間で求まる.

### 7.5.4.3 接尾辞リンクの計算

接尾辞リンクは,一般の木には存在しない文字列のデータ構造に特有のものである.これをどのように表現するかが問題であるが,実は圧縮接尾辞配列を用いてコンパクトに表現できる.

**補題 7.7** あるノード $v$ (根以外) に対し,接尾辞リンク $w = sl(v)$ はアルゴリズム 7.6 により $O(T_\Psi)$ 時間で求まる.

アルゴリズム 7.6 $sl(v)$: ノード $v$ の接尾辞リンクの指すノード $sl(v)$ を返す.
1: $x \leftarrow rank_{\text{[0]}}(P, v-1) + 1$
2: $y \leftarrow rank_{\text{[0]}}(P, \text{findclose}(P, v))$
3: $x' \leftarrow \Psi[x]$
4: $y' \leftarrow \Psi[y]$
5: $w \leftarrow lca(\text{leaf\_select}(x'), \text{leaf\_select}(y'))$
6: **return** $w$

**証明:** $x, y$ は $x = \text{leaf\_rank}(\text{leftmost\_leaf}(v))$, $y = \text{leaf\_rank}(\text{rightmost\_leaf}(v))$ を満たす. つまり, $v$ の子孫の葉の中で最も左にあるもののランクと最も右にあるもののランクを求める. これらの葉は接尾辞 $T[SA[x]..n]$ と $T[SA[y]..n]$ を表す. $\Psi$ の定義より, $\text{leaf\_select}(x')$ と $\text{leaf\_select}(y')$ は接尾辞 $T[SA[x']..n] = T[SA[x]+1..n]$ と $T[SA[y']..n] = T[SA[y]+1..n]$ を表す. $\ell = lcp(T[SA[x]..n], T[SA[y]..n])$ とする. すると $\text{leaf\_select}(x)$ と $\text{leaf\_select}(y)$ は $v$ の最も左と右の子孫であるから, $\ell$ は $v$ の文字列深さに等しい. $v$ は根ではないため $T[SA[x]..n]$ と $T[SA[y]..n]$ の先頭の文字は等しく, $\ell - 1 = lcp(T[SA[x']..n], T[SA[y']..n])$ が成り立つ. すると $lca(\text{leaf\_select}(x'), \text{leaf\_select}(y'))$ は文字列深さが $\ell - 1$ となり, これはそのノードが $sl(v)$ であることを意味する. □

なお, $x$ と $y$ は最も左と右の子孫でなくてもよく, ノード $v$ で分岐するものであればなんでもよい. 例えば $v$ の最初の子を根とする部分木内の任意の葉を $x$, $v$ の 2 番目の子を根とする部分木内の任意の葉を $y$ としてもよい.

#### 7.5.4.4 Weiner リンクの計算

Weiner リンク $wl(v, c)$ はアルゴリズム 7.7 で求まる. まず, ノード $v$ を根とする部分木内の接尾辞の集合は, $str(v)$ を共通の接頭辞 $P$ として持つ. よって, この部分木の最も左の葉から最も右の葉までの接尾辞の辞書順の範囲が, $P$ の辞書順の範囲となり, それは $[x, y]$ である. 次に, $\text{left\_extension}([x, y], c)$ により, 文字列 $cP$ の辞書順の範囲 $[x', y']$ が求まる. この両端の接尾辞に対応する葉の最近共通祖先が求めるノードである. 計算時間は, $\Psi$ での後方探索

**アルゴリズム 7.7** $wl(v,c)$: ノード $v$ の Weiner リンク $wl(v,c)$ を返す.
1: $x \leftarrow rank_{\boxed{0}}(P, v-1) + 1$
2: $y \leftarrow rank_{\boxed{0}}(P, \mathit{findclose}(P, v))$
3: $[x', y'] \leftarrow \mathit{left\_extension}([x, y], c)$
4: **if** $x' > y'$ **then**
5:     **return** 0
6: **end if**
7: $w \leftarrow lca(\mathit{leaf\_select}(x'), \mathit{leaf\_select}(y'))$
8: **return** $w$

表 **7.1** 圧縮接尾辞木での各操作の時間計算量.表にない操作は定数時間.$T_{SA}$ は接尾辞配列で $SA[i]$ と $SA^{-1}[j]$ を計算する時間,$T_\Psi$ は $\Psi[i]$ を計算する時間である.

| 操作 | 時間計算量 |
|---|---|
| $\mathit{str\_depth}(v),\ \mathit{edge}(v,d)$ | $O(T_{SA})$ |
| $\mathit{child}(v,c)$ | $O(\lg \sigma \cdot T_{SA})$ |
| $sl(v)$ | $O(T_\Psi)$ |
| $wl(v,c)$ | $O(\lg n)$ |

を 2 分探索で行うとすると,$O(\lg n)$ 時間である.

### 7.5.5 圧縮接尾辞木の計算量

圧縮接尾辞木は,圧縮接尾辞配列と木構造を表す BP 表現と $Hgt$ 配列を表すビットベクトル $H$ のみから構成される.よって次の定理を得る.

**定理 7.5 (データ構造 CST [98])** 長さ $n$ の文字列に対する圧縮接尾辞木は $|CSA| + 6n + o(n)$ ビットで表現できる.各操作の時間計算量は表 7.1 の通りである.

## 7.6 文書集合に対するデータ構造

第 7.1 節で定義した,文書集合に対する問題を解くことを考える.文書

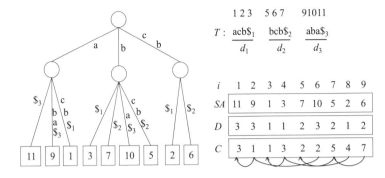

**図 7.5** "acb$\$_1$bcb$\$_2$aba$\$_3$" に対する接尾辞木と文書列挙問い合わせのためのデータ構造．終端文字だけからなる接尾辞に対する索引は省略している．

集合 $\{d_1, d_2, \ldots, d_k\}$（各 $d_i$ は長さ $n_i$ の文字列）に対し，一般化接尾辞木 (generalized suffix tree) を定義する．これは各文字列 $d_i$ の末尾に終端文字 $\$_i$ を付け，それらを1つに連結した文字列 $T$ に対する接尾辞木である．文字列の長さの合計を $n$ とする．図 7.5 に例を示す．

## 7.6.1 文書列挙問題のための索引

文書列挙問題を解くには，パタン $P$ に対応する接尾辞配列の範囲 $[\ell, r]$ を求め，その範囲内の各接尾辞 $T_j$ に対し，その接尾辞を含む文書の番号を計算し，重複を除去して出力すればよいが，愚直に行うと $P$ の出現頻度に比例する時間がかかってしまう．これを出力個数に比例する時間にするために，次のデータ構造を用いる．

配列 $D[1..n]$ の要素 $D[i] = j$ は接尾辞配列で左から $i$ 番目の接尾辞が文書 $d_j$ に含まれることを示す．つまり文書番号を重複なく出力するには，$D[\ell, r]$ の要素を重複なく出力すればよい．そのために，配列 $C[1..n]$ を定義する．配列 $C$ の要素 $C[i]$ を $j < i$ かつ $D[j] = D[i]$ となる $j$ のうち最大のものと定義する．そのような $j$ が存在しない場合は $C[i] = -D[i]$ と定義する．つまり，配列 $C$ は $D[i]$ が等しいものを繋ぐリストを表現している．配列 $C$ に対し次の補題が成り立つ．

**補題 7.8** $D[\ell, r]$ に存在する整数 $d$ の出現位置を $i_1 < i_2 < \cdots < i_q$ とする．すると $C[i_1] < \ell$ であり，$i_j$ $(2 \leq j \leq q)$ については $C[i_j] \geq \ell$ である．

**証明：** $i_j$ $(2 \leq j \leq q)$ については $C[i_j] = i_{j-1} \geq \ell$ である．$i_1$ については，それが $D[1..n]$ で最も左にある $d$ の位置のときには $C[i_1] < 0 < \ell$ であり成り立つ．そうでないときには $C[i_1] < \ell$ であり成り立つ． □

つまり，$P$ を含む文書の番号を列挙するには，まず $P$ に対応する接尾辞配列の範囲 $[\ell, r]$ を求め，次に配列 $C$ の $C[\ell, r]$ の範囲で $\ell$ 未満の数 $C[i]$ に対応する $D[i]$ の値を列挙すればよいが，これは区間最小値を求めるデータ構造を用いて以下のように実現できる．まず $C[\ell, r]$ の最小値 $C[x]$ を求める．その値が $\ell$ 以上であれば何も出力せずに終了する．そうでなければ，$C[x]$ に対応する $D$ の要素 $D[x]$ を出力し，次に $C[\ell, x-1]$ と $C[x+1, r]$ についても再帰的に繰り返す．$C$ の探索にかかる時間は出力文書数に比例する．

このアルゴリズムは $\mathrm{O}(n)$ ビットのデータ構造で実行できる．まず，$D[i]$ は $SA[i]$ から計算できる．文字列 $T$ の中の終端文字の位置を記録する長さ $n$ のビットベクトル $D'$ を用いれば，$D[i] = rank_1(D', SA[i]) + 1$ となる．また，$C[i]$ は区間最小値のデータ構造で $2n + \mathrm{o}(n)$ ビットにできる．ただし，アルゴリズムでは $C[i]$ の値を用いているため，それも保存しておく必要がある．$C[i]$ の値を用いずに問い合わせを実行するために，アルゴリズムを変更する．長さ $k$（文書数）のビットベクトルを用い，既に出力した文書に対応する値を 1 にする．元のアルゴリズムでは $C[i] < \ell$ ならば出力したが，これを対応するビットが 0 ならば出力するように変更する．ベクトルは最初は 0 で初期化しておく．問い合わせを実行するといくつかのビットが 1 になるが，次の問い合わせのためにそれを 0 に戻す必要がある．これは単に出力した文書番号に対応するビットだけ 0 にすればよいので，出力個数に比例した時間でできる．

**定理 7.6** 任意の文字列 $P$ に対し，それを含む $q$ 個の文書を $\mathrm{O}(T_{search}(|P|) + q \cdot T_{SA})$ 時間で列挙できる．データ構造のサイズは $|CSA| + 2n + \mathrm{o}(n)$ ビットである．

文書列挙問題の別のアルゴリズムとして，$D$ をウェーブレット木で表現する

というものがある．$D[\ell,r]$ 内の異なる値はアルゴリズム 4.7 により $O(q \cdot T_{rank})$ 時間で列挙できる．データ構造のサイズは $|CSA| + (n + o(n))\lg k$ ビットとなる．

## 7.6.2 単語頻度の計算法

文書全体を表す文字列 $T$ に対する圧縮接尾辞配列の他に，各文書に対する圧縮接尾辞配列も用意する．後者のサイズの合計は前者のサイズ以下であるため，合計で $2|CSA|$ となる．文書 $d$ の圧縮接尾辞配列を用いれば単語頻度 $tf(P,d)$ は $O(T_{search}(|P|))$ 時間で求まる．但し，$P$ を含む全ての文書（$q$ 個）に対し $tf(P,d)$ を計算する場合，この方法では $O(q \cdot T_{search}(|P|))$ 時間かかってしまう．

$q$ 個の文書に対し $tf(p,d)$ をそれぞれ計算する場合，まず $T$ の接尾辞配列中の $P$ に対応する範囲 $[\ell,r]$ を $O(T_{search}(|P|))$ 時間で求める．次に，配列 $D[\ell,r]$ 中の異なる値について最左要素と最右要素の添え字を列挙する．最左要素を求めるには上述の配列 $C$ での区間最小値を求めるデータ構造を用いる．最右要素は $C'[i]$ が $j > i$ かつ $D[j] = D[i]$ となる $j$ のうち最小のものとして定義される配列 $C'$ 中の区間の最大値を求めるデータ構造を用いて求める．データ構造のサイズは 2 倍になり $4n + o(n)$ ビットである．

配列 $D[\ell,r]$ 中で $D[i] = d$ である添え字のうち最小と最大のものを $i, j$ とする．すると $SA[i], SA[j]$ を求めることによりそれらの $T$ 中の位置が求まり，さらに文書 $d$ 中の位置 $x, y$ が求まる．ここで文書 $d$ に対する接尾辞配列の逆関数を用いると位置 $x, y$ の文字列 $p$ の接尾辞配列中の位置 $i', j'$ が $T_{SA}$ 時間で求まる．すると $tf(P,d) = j' - i' + 1$ で計算できる．なお，最左要素と最右要素を小さい順にソートする必要があるが，これは要素数を $q$ とすると $O(q \lg \lg q)$ 時間で行える [1]．

**定理 7.7** 任意の文字列 $P$ と文書 $d$ に対し，$tf(P,d)$ を $O(T_{search}(|P|))$ 時間で計算できる．また，$P$ を含む $q$ 個の文書全てに対する $tf(P,d)$ を $O(T_{search}(|P|) + q(T_{SA} + \lg \lg q))$ 時間で計算できる．データ構造のサイズは $2|CSA| + 4n + o(n)$ ビットである．

## 7.6.3 文書頻度の計算法

文書頻度 $df(P)$ を求めるには Hui のアルゴリズム [63] の考えを用いる．まず，接尾辞木を 2 分木に変形する．内部ノードで子の数が 2 個の場合はそのままにし，3 個以上のときには任意の形の 2 分木に変形する．また，葉には対応する接尾辞を含む文書番号が格納されているとみなす．

変形後の接尾辞木の各内部ノード $v$ において，左の部分木の中の葉に現れる文書番号の集合を $L$，右の部分木の葉に現れる文書番号の集合を $R$ とし，$v$ には $|L \cap R|$，つまり左右両方に現れる文書の数を格納する．また，葉には 0 を格納するとする．このとき次の補題が成り立つ．

**補題 7.9** 変形後の接尾辞木の各ノード $v$ において，$v$ の部分木内の葉の数を $x$，$v$ の部分木内の各ノード（$v$ を含む）に格納されている値の和を $y$ とする．すると，$v$ の部分木内の葉に現れる異なる文書番号の数は $x - y$ である．

**証明：** 部分木のサイズに関する帰納法で示す．$v$ の部分木のサイズが 1 のとき，$v$ は葉で，$x = 1, y = 0$ で成り立つ．部分木のサイズが $k$ 以下のときに成り立つと仮定し，サイズが $k+1$ のときにも成り立つことを示す．部分木のサイズが $k+1$ のノード $v$ の左右の部分木のサイズは $k$ 以下である．左右の部分木のサイズを $x_1, x_2$ とし，格納されている値を $y_1, y_2$ とする．左の部分木の中の葉に現れる文書番号の集合を $L$，右の部分木の葉に現れる文書番号の集合を $R$ とすると，帰納法の仮定より $|L| = x_1 - y_1$，$|R| = x_2 - y_2$ である．$v$ の部分木内の葉に現れる文書番号の集合は $L \cup R$ であり，$|L \cup R| = |L| + |R| - |L \cap R|$ である．$x = x_1 + x_2, y = y_1 + y_2 + |L \cap R|$ であるため，$|L \cup R| = x_1 - y_1 + x_2 - y_2 - (y - y_1 - y_2) = x - y$ となり成り立つ． □

図 7.6 に例を示す．なお，この図ではノードに対応する値は左右の部分木に共通に現れる文書番号の個数ではなく，文書番号の集合になっている．これは説明のためで，実際には個数を 1 進数符号で表したビットベクトル $H'$ のみを格納する．ノード $a$ の左右の部分木に 3 が共通して現れるため，$a$ には 3 を書いてある．ノード $c$ の左右の部分木に共通する文書番号は 1 と 3 である．

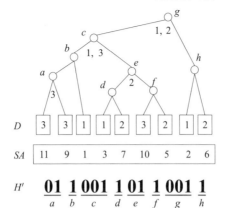

**図 7.6** $df(P)$ を求めるデータ構造.

ノード $c$ の部分木には葉が 7 個あり，文書番号は 4 つある．つまり $c$ の部分木内には $7-4 = 3$ 個の異なる文書番号がある．

パタン $P$ に対応するノードを $v$ とする．$P$ を含む文書の数を求めるには，$v$ の部分木の最も左と右の葉 $\ell, r$ を求め，2 分木に変形した接尾辞木において，それらの葉の最近共通祖先 $v'$ を求め，$v'$ の部分木内に格納されている値の和を求める．ノードの値は，ノードの通りがけ順に値を 1 進数符号でビットベクトル $H'$ に格納しておく．すると，通りがけ順で $\ell$ から $r-1$ までのノードに格納されている値の和を求めればよい．これは $select_1(H', r-1) - select_1(H', \ell) - (r-1-\ell)$ で求まる．$H'$ は 1 を $n-1$ 個，0 を $n-k$ 個含むため，$2n$ ビット以下で表現できる．なお，2 分木に変形した接尾辞木は実は格納する必要はない．なぜなら，元の接尾辞木のあるノードの部分木内に定義される通りがけ順の集合は，2 分木の形には依存しないからである．

**定理 7.8** 任意の文字列 $P$ に対し，$df(P)$ を $\mathrm{O}(T_{search}(|P|))$ 時間で計算できる．データ構造のサイズは $|CSA| + 2n + \mathrm{o}(n)$ ビットである．

## 7.7 文献ノート

接尾辞木は Weiner [107] によって提案されたが，その構築アルゴリズムは Weiner リンクを用いて文字列を末尾から先頭に向かって伸ばしていくものである．文字列を先頭から末尾に向かって伸ばしていきながら接尾辞木を構築するアルゴリズムは McCreight [73] によって提案された．ただし，McCreight のアルゴリズムは文字列の末尾に終端文字 $ をつけた状態で接尾辞木を構築するため，さらに右に伸ばすことはできない．そのような動作が可能な接尾辞木構築アルゴリズムは Ukkonen [105] によって提案されている．接尾辞木の様々な応用については Gusfield の教科書 [56] が詳しい．

接尾辞木はメモリ使用量が多いため，その代替として接尾辞配列が Manber, Myers [72] によって提案された．しかし大規模文字列に対しては接尾辞配列でもまだ大きい．これを解決する圧縮接尾辞配列は Grossi, Vitter [54] によって提案されたが，これは自己索引ではなかった．第 8.3 節で説明する FM-index は，圧縮接尾辞配列と同じ情報をもつデータ構造であり，こちらは自己索引である．ただし最初の論文 [37] の方法は，アルファベットサイズが非常に小さいときのみ有効である．圧縮接尾辞配列の自己索引化と，定理 7.3, 7.4 のデータ構造は Sadakane [96, 97] による．

圧縮接尾辞配列，または第 8.3 節で説明する FM-index を構築するアルゴリズムは，一旦接尾辞配列を構築し，それから $\Psi$ 関数を作る方法が簡単だが，そうすると作業領域が $O(n \lg n)$ ビットになってしまう．作業領域を $O(n \lg \sigma)$ ビットにするアルゴリズムは多く提案されている [59, 61, 67]．最良のアルゴリズムは Belazzougui による $O(n)$ 時間（確率的 [6]，決定的 [7]），$O(n \lg \sigma)$ ビット領域のものである．

圧縮接尾辞配列の実装については Pizza&Chili Corpus (http://pizzachili.dcc.uchile.cl/ および http://pizzachili.di.unipi.it/) で公開されている．

圧縮接尾辞木は Sadakane [98] による．なお，圧縮接尾辞木のサイズは情報理論的下限とは一致していない．問い合わせ時間を犠牲にして圧縮接尾辞木の

サイズを削減する手法はいくつか提案されている [95, 86].

文書列挙問題のためのデータ構造は，Muthukrishnan [80] によって提案された．それを圧縮したものは Sadakane [99] による．文書列挙問題に対する各種アルゴリズムは Navarro のサーベイ論文 [81] が詳しい．

# 第8章

# BW変換

本章では，BW変換とその拡張について説明する．BW変換は元々は文字列圧縮のために提案されたが，その後，文字列を圧縮したままパタンの検索が可能であることが示され，DNA配列などの大規模文字列の検索に使用されるようになった．また，BW変換の拡張を用いたラベル付き木やde Bruijnグラフの圧縮についても説明する．

BW変換は，正式にはBurrows-Wheeler変換 (Burrows-Wheeler Transform, BWT) と呼ばれ，文字列圧縮のために提案された文字列の変換である [20]．この圧縮法はブロックソート法 (block-sorting compression) と呼ばれ，現在は bzip2 コマンドとして広く使われている．さらに，簡潔データ構造が提案されてからは圧縮したまま検索するための索引としても用いられるようになり，また，文字列だけでなくラベル付き木やグラフの圧縮にも用いられるようになっている．本章ではBW変換と，木やグラフの圧縮のためのBW変換の拡張を説明する．

## 8.1 ブロックソート圧縮法

bzip2 コマンドでは，圧縮する文字列を900 KBのブロックに分割し，各ブロック内の文字を並べ替える．この並べ替えがBW変換である．変換後の文字列は同じものが連続しやすくなるため，簡単に圧縮ができる．変換後の文字列の性質については後述するが，まずその変換を定義する．

**定義 8.1 (BW変換 [20])** 文字列 $T[1..n]$ の末尾に終端文字 $ を追加した文字列 $T'[1..n+1]$ を BW変換した文字列を $BW[0..n]$ とすると，$BW[i]$ ($i = 0, 1, \ldots, n$) は $T'$ の接尾辞配列 $SA[0..n]$ を用いて次のように定義される．

## 第8章 BW変換

```
       1 2 3 4 5 6 7 8 9 10 11 12 13
    T  a b c a b c a a b c  a  c  $
```

| i  | SA | BW | $T[SA[i]..n+1]$ | |
|----|----|----|----|----|
| 0  | 13 | c  | $                         |          |
| 1  | 7  | c  | a a b c a c $             | } 文脈aa |
| 2  | 4  | c  | a b c a a b c a c $       |          |
| 3  | 1  | $  | a b c a b c a a b c a c $ | } 文脈ab |
| 4  | 8  | a  | a b c a c $               |          |
| 5  | 11 | c  | a c $                     | } 文脈ac |
| 6  | 5  | a  | b c a a b c a c $         |          |
| 7  | 2  | a  | b c a b c a a b c a c $   | } 文脈bc |
| 8  | 9  | a  | b c a c $                 |          |
| 9  | 12 | a  | c $                       |          |
| 10 | 6  | b  | c a a b c a c $           |          |
| 11 | 3  | b  | c a b c a a b c a c $     | } 文脈ca |
| 12 | 10 | b  | c a c $                   |          |

図 8.1　文字列 $T$ の **BW** 変換．文脈の長さは 2.

$$BW[i] = \begin{cases} T[SA[i] - 1] & (SA[i] \neq 1) \\ \$ & (SA[i] = 1) \end{cases}$$

つまり，$T'$ の接尾辞を辞書順にソートし，ソートされた各接尾辞の1つ前の文字を並べたもの（1つ前が存在しない場合は最後の文字）が BW 変換後の文字列である．各接尾辞の文字列中の位置は異なるため，BW 変換後の文字列は元の文字の並べ替えになっている．

なお，オリジナルの BW 変換では文字列に終端文字 $ を付けずに循環文字列（末尾の文字の後に先頭の文字が続いているとみなす文字列）を考え，各位置から始まる循環文字列の辞書順を用いて変換を定義しているが，接尾辞配列との関係を分かりやすくするために本書では終端文字を付けて考える．

図 8.1 は BW 変換の例である．$BW$ 中では同じ文字が連続する部分が多くなっている．例の文字列 $T$ には，abc という部分文字列を3個含む．その中の文字 a に着目すると，BW 変換後の文字列において，それらの位置は a の接尾辞 bc... の辞書順で決まる．接尾辞を辞書順にソートした場合，bc から始

まる全ての接尾辞は接尾辞配列の連続した位置に格納される．すると BW 変換後の文字列でも a は連続した位置に現れる．ただし，xbc... などの部分文字列が存在する場合，それらの辞書順は bc より後の文字列から決まるため，abc に含まれる a の BW 変換後の位置が必ず連続するわけではない．

ブロックソート圧縮法では，文字列 $BW$ を MTF (move-to-front) 符号の列に変換する．図 8.2 はインターバル符号と MTF 符号の例である．

第 2.7.2 項で示したように，文字列の 0 次のエントロピーの圧縮を達成するには $T$ を MTF 符号で圧縮しても，BW 変換してから MTF 符号で圧縮してもよい．しかし，BW 変換してから MTF 符号で圧縮すると，高次のエントロピーまで圧縮できる．これを以下に示す．

文字列 $T$ を生成する情報源として，$k$ 次マルコフ情報源を考える．$T$ の $k$ 次経験エントロピーの定義は次のものであった（定義 2.8 参照）．

$$H_k(T) \equiv \sum_{w \in \mathcal{A}^k} \frac{|T_w|}{|T|-k} \cdot H_0(T_w)$$

つまり，文脈ごとに 0 次のエントロピーまで圧縮できれば，全体としては $k$ 次のエントロピーを達成できる．BW 変換では文字はその接尾辞の辞書順でソートされているため，直後の $k$ 文字が等しい文字は $BW$ において連続する位置に現れる．よって，$T$ の文字を逆順に並べた文字列 $T^{\mathrm{R}}$ を考えると，それの BW 変換では文脈が等しい文字が連続していることになり，各文脈において MTF 符号で 0 次のエントロピーまで圧縮すれば，全体で $k$ 次のエントロピーを達成できる．図 8.1 は，文脈の長さを 2 とした場合に $BW$ を文脈で分割したものを表す．文脈 bc では直前の文字が a だけで，エントロピーが 0 である．文脈 ca でも直前の文字が b だけである．文脈 ab では文字 c, \$, a が確率 1/3 で現れているとみなす．

なお，各文脈での圧縮は MTF 符号ではなくハフマン符号などを用いてもよいが，その場合は文脈ごとに符号表を保存する必要がある．符号表のサイズを無視すれば，エントロピーは $k$ が大きいほど小さくなるので ($H_k(T) \leq H_{k-1}(T) \leq \cdots \leq H_0(T) \leq \lg \sigma$)，文脈の長さは長い方が圧縮率が良くなるはずであるが，符号表の数は文脈の個数 $\sigma^k$ だけ必要なので，符号表のサイズを考慮した場合には圧縮率が最良となる $k$ が存在する．MTF 符号を用いる場合

## 第 8 章 BW 変換

| BW | $ | a | b | c | c | c | c | $ | a | c | a | a | a | a | b | b | b |

| I |   |   |   | 1 | 1 | 1 | 7 | 7 | 3 | 2 | 1 | 1 | 1 | 12 | 1 | 1 |

| M |   |   |   | 1 | 1 | 1 | 4 | 4 | 3 | 2 | 1 | 1 | 1 | 4 | 1 | 1 |

図 8.2　文字列 $BW$ を表すインターバル符号 $I$ と MTF 符号 $M$.

は，文脈が切り替わる箇所や符号表を格納する必要がない．

ブロックソート圧縮法では MTF 符号を更に連長圧縮 (run-length encoding) する．これは，同じ数字の並びはその数字の出現個数で表現する手法である．上述のように，$T$ の中に同じ部分文字列が複数出現する場合，$BW$ では同じ文字が連続し，それを MTF 符号にすると 1 の連続になる．これを連長圧縮することでさらに圧縮率を上げることができる．

## 8.2　逆 BW 変換と $LF$ 関数

ブロックソート圧縮法では，BW 変換した文字列を更に MTF 変換し，それを連長圧縮やハフマン符号で圧縮する．圧縮された文字列から復元するときは，この逆を行う．そのため，逆 BW 変換が必要となる．$BW[i]$ の元の文字列での出現位置を $j$ とし，$SA[i'] = j$ とする．もし $i$ から $i' = SA^{-1}[j]$ が計算できれば，この計算を順に行うことで元の文字列が復元できる．$LF[i] \equiv SA^{-1}[SA[i] - 1]$ と定義すると，$i' = LF[i]$ である．

図 8.3 において，$BW[0] = c$ は，$ の直前の文字，つまり $T$ の末尾の文字である．接尾辞 c$ の辞書順は 9 であるため，$BW[0]$ は辞書順で 9 番目の接尾辞の先頭文字と等しい．つまり，$SA[0] = n+1 = 13$, $SA[9] = n = 12$, $LF[0] = 9$ が成り立つ．

**補題 8.1**　文字列 $T$ を BW 変換した文字列 $BW[0..n]$ において，文字 $c$ の全ての出現位置を $\ell_1, \ell_2, \ldots, \ell_k$ $(\ell_1 < \ell_2 < \cdots < \ell_k)$ とする．また，$BW[\ell_j]$ の文字から始まる $T$ の接尾辞の辞書順を $f_j$ とする $(j = 1, 2, \ldots, k)$．つまり，

8.2 逆 BW 変換と $LF$ 関数 —— 171

$$T \begin{array}{cccccccccccccc} 1 & 2 & 3 & 4 & 5 & 6 & 7 & 8 & 9 & 10 & 11 & 12 & 13 \\ a & b & c & a & b & c & a & a & b & c & a & c & \$ \end{array}$$

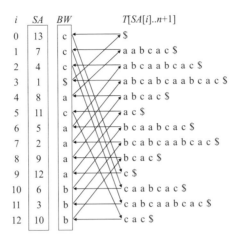

図 8.3 逆 BW 変換. $BW$ 側から $T$ 側への矢印が $LF$ を表す.

$LF[\ell_j] = f_j$ である. すると, $f_j = f_1 + j - 1$ が成り立つ.

**証明:** 接尾辞 $T[SA[f_j]..n+1]$ $(j = 1, 2, \ldots, k)$ は全て先頭の文字が $c$ であり, また, 先頭の文字が $c$ である接尾辞はこれ以外にはない. これらの接尾辞の 2 文字目から始まる接尾辞 $T[SA[f_j]+1..n+1]$ の辞書順を $r_j$ とすると, $BW[r_j]$ は接尾辞 $T[SA[f_j]+1..n+1]$ の直前の文字, つまり $T[SA[f_j]]$ であり, これは $c$ である. $r_j$ を小さい順に並べたものを $r_{i_1}, r_{i_2}, \ldots, r_{i_k}$ とすると, $r_{i_j} = \ell_j$ となる. 接尾辞 $T[SA[f_j]..n+1]$ は先頭の文字が等しいため, 辞書順は 2 文字目から始まる接尾辞の辞書順から決まる. つまり, $f_{i_1} < f_{i_2} < \cdots < f_{i_k}$ であり, $f_{i_j}$ を小さい順に並び替えたものを $f_1 < f_2 < \cdots < f_k$ とすると, $LF[\ell_j] = f_j$ が成り立つ. また, これらの接尾辞は接尾辞配列で連続する領域に格納されているため, $f_j = f_{j-1} + 1 = f_1 + j - 1$ が成り立つ. □

補題 8.1 を用いると, 逆 BW 変換が計算できる.

**補題 8.2** アルゴリズム 8.1 は長さ $n$, アルファベットサイズ $\sigma$ の文字列の

**アルゴリズム 8.1** $IBWT(BW, n)$: $BW[0..n]$ から $T[1..n]$ を復元する.

1: 整数配列 $C[0..\sigma]$ を確保し，0 で初期化する.
2: **for** $i \leftarrow 0, n$ **do**
3:     $C[BW[i]] \leftarrow C[BW[i]] + 1$
4: **end for**
5: $i \leftarrow -1$
6: **for** $c \leftarrow 0, \sigma$ **do**
7:     $t \leftarrow C[c]$
8:     $C[c] \leftarrow i$
9:     $i \leftarrow i + t$
10: **end for**
11: **for** $i \leftarrow 0, n$ **do**
12:     $c \leftarrow BW[i]$
13:     $C[c] \leftarrow C[c] + 1$
14:     $LF[i] \leftarrow C[c]$
15: **end for**
16: $i \leftarrow 0$
17: **for** $j \leftarrow n+1, 2$ **do**
18:     $T[j-1] \leftarrow BW[i]$                      ▷ $SA[i] = j$ が成り立つ.
19:     $i \leftarrow LF[i]$
20: **end for**
21: **return** $T$

BW 変換から元の文字列を $O((n+\sigma)\lg n)$ ビットの作業領域を用いて $O(n+\sigma)$ 時間で復元する.

なお，アルゴリズム 8.1 の実行時に同時に接尾辞配列も復元することができる.

アルゴリズム 8.1 では $LF[0..n]$ 全体を計算しているが，文字列での $rank$ を用いると，特定の $LF[i]$ のみを求めることができる.

**系 8.1** 文字列 $T$ を BW 変換した文字列 $BW[0..n]$ に対し，$BW$ 中の文字をアルファベット順に並び替えた文字列を $F[0..n]$ とする. $c = BW[i]$ $(0 \leq i \leq n)$ とすると，$rank_c(BW, i) = rank_c(F, LF[i])$ が成り立つ.

**証明:** $r = rank_c(BW, i)$ とする. つまり，$BW[i]$ は先頭から $r$ 番目の $c$ である. 文字列 $F$ は，接尾辞配列に格納されている接尾辞の先頭の文字を並べたも

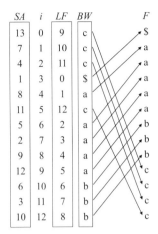

図 8.4 *LF* 関数.

のに等しい．つまり $BW[i]$ と $F[LF[i]]$ が対応する．補題 8.1 より，$F[LF[i]]$ は $F$ の中で先頭から $r$ 番目の $c$ であるため，主張が成り立つ． □

**補題 8.3** 整数の配列 $C[0..\sigma+1]$ を，$C[c] = (T$ の中で $c$ よりアルファベット順が小さい文字の数) とする．また，$C[\$] = -1, C[\sigma+1] = n$ とする．すると，$LF[i] = C[c] + rank_c(BW, i)$ （ただし $BW[i] = c$） が成り立つ．

**証明：** 系 8.1 より，$LF[i] = select_c(F, rank_c(BW, i))$ である．しかし，$F$ では文字がアルファベット順に並んでいるため，主張が成り立つ． □

図 8.4 は $LF$ 関数の例である．$LF[0]$ を計算する場合，$BW[0] = c$ であり，$rank_c(BW, 0) = 1$ であるため，$LF[0] = C[c] + 1 = 9$ となる．

## 8.3 FM-index

FM-index では，接尾辞配列 $SA[0..n]$ の代わりに $LF[0..n]$ を格納する．ただし，$LF$ をそのまま格納するのではなく，$BW[0..n], C[0..\sigma+1]$，そして $BW$ で rank を計算するための索引を格納する．アルゴリズム 8.2 は BW 変換した文字列を用いて接尾辞配列中のパタン $P[1..p]$ の辞書順の範囲を求めるアルゴ

## アルゴリズム 8.2 $bw\_search(P)$: $P[1..p]$ の辞書順の範囲 $[\ell, r]$ を求める.

1: $c \leftarrow P[p], p \leftarrow p - 1$
2: $\ell \leftarrow C[c] + 1, r \leftarrow C[c+1]$
3: **while** $p \geq 1$ **do**
4:     $c = P[p], p \leftarrow p - 1$
5:     $\ell \leftarrow C[c] + rank_c(BW, \ell - 1) + 1$
6:     $r \leftarrow C[c] + rank_c(BW, r)$
7: **end while**
8: **return** $[\ell, r]$

リズムである.

**補題 8.4** アルゴリズム 8.2 は $P[1..p]$ に対応する接尾辞配列の辞書順の範囲 $[\ell, r]$ を正しく求める.

**証明:** $p = 1$ のとき,$P$ に対応する接尾辞配列の辞書順の範囲は,文字 $c = P[p]$ に対応する接尾辞配列の範囲で,これは $[C[c] + 1, C[c+1]]$ である.$p > 1$ のとき,$P$ の接尾辞 $P[p-1..p], P[p-2..p], \ldots, P[1..p]$ の辞書順が順に求まることを帰納法で示す.$P[p-k..p]$ の辞書順の範囲を $[\ell_k, r_k]$ とし,これが既に求まっていると仮定する.各 $i \in [\ell_k, r_k]$ に対し,$BW[i] = P[p-k-1]$ であるならば,$SA[i] - 1$ から始まる長さ $k+1$ の文字列は $P[p-k-1..p]$ と一致する.つまり $LF[i] \in [\ell_{k+1}, r_{k+1}]$ である.$BW[i] = P[p-k-1]$ となる $i \in [\ell_k, r_k]$ で最小のものを $i_\ell$,最大のものを $i_r$ とすると,$BW[i_\ell]$ は先頭から $rank_c(BW, \ell-1) + 1$ 番目の $P[p-k-1]$ であり,$BW[i_r]$ は先頭から $rank_c(BW, r)$ 番目の $P[p-k-1]$ である.このとき $LF[i_\ell] = C[c] + rank_c(BW, \ell-1) + 1, LF[i_r] = C[c] + rank_c(BW, r)$ であるため,$P[p-k-1..p]$ の辞書順の範囲 $[\ell_{k+1}, r_{k+1}]$ が正しく求まっている.□

また,圧縮接尾辞配列同様,$SA[i]$ や $SA^{-1}[j]$ も計算することができる.$h$ を自然数とする.ビットベクトル $B[0..n]$ を $B[i] = 1 \iff SA[i] \mod h = 0$ とする.また,整数配列 $I[0..n/h]$ を $SA[i] \mod h = 0$ のとき $I[rank_1(B, i)] = SA[i]$ とする.すると高々 $h-1$ 回 $LF$ 関数を計算すれば $B[i'] = 1$ となる $i'$ が求まり,$SA$ の値は配列 $I$ に格納されている.$SA^{-1}[j]$ を求めるには,整数

配列 $J[0..n/h]$ を $J[i] = SA^{-1}[ih]$ とする．すると高々 $h-1$ 回 $LF$ 関数を計算すれば $SA^{-1}[j]$ が求まる．ビットベクトル $B$ は 1 を $n/h$ 個含むため，$(n/h) \lg h + \mathrm{O}(h) + \mathrm{O}(n \lg \lg n / \lg n)$ ビットで表現でき，rank は定数時間で求まる．また，配列 $I, J$ はそれぞれ $n \lg n/h$ ビットである．

$SA^{-1}[j]$ が計算できれば，$T$ の任意の位置の部分文字列の復元ができる．$T[s..t]$ を復元する場合，まず $i = SA^{-1}[t+1]$ を計算する．すると $T[t] = BW[i]$ となる．さらに，$T[t-1] = BW[LF[i]]$，$T[t-2] = BW[LF^2[i]]$，... と計算できる．以上より，次の定理を得る．

**定理 8.1** 長さ $n$，アルファベットサイズ $\sigma$ の文字列での rank を計算する時間を $T_{rank}$ とする．文字列 $T$ を BW 変換した文字列を用いると，パタン $P[1..p]$ の存在または頻度問い合わせは $\mathrm{O}(p \cdot T_{rank})$ 時間で行える．また，$SA[i]$ と $SA^{-1}[j]$ の計算は，$\mathrm{O}(n \lg n/h + n \lg \lg n / \lg n)$ ビットの追加データ構造を用いて $\mathrm{O}(h \cdot T_{rank})$ 時間で行える．さらに，$T$ の任意の位置の長さ $\ell$ の部分文字列は $\mathrm{O}((h+\ell) T_{rank})$ 時間で復元できる．

定理 8.1 と定理 4.5（データ構造 MWT）を組み合わせることで，次の定理を得る．

**定理 8.2 (データ構造 FM-index [39])** 長さ $n$，アルファベットサイズ $\sigma$ の文字列でのパタン $P[1..p]$ の存在または頻度問い合わせは，$\sigma = \mathrm{polylog}(n)$ のとき $nH_k(T) + \mathrm{o}(n)$ ビットのデータ構造を用いて $\mathrm{O}(p)$ 時間で行える．また，$SA[i]$ と $SA^{-1}[j]$ の計算は $\mathrm{O}(\lg^{1+\varepsilon} n)$ 時間，長さ $\ell$ の $T$ の部分文字列の復元は $\mathrm{O}(\ell + \lg^{1+\varepsilon} n)$ 時間（$\varepsilon$ は任意の正定数）でできる．

## 8.4 圧縮接尾辞配列と FM-index の関係

圧縮接尾辞配列と FM-index は元々は異なる発想から生まれた接尾辞配列の圧縮法であるが，$\Psi$ と $LF$ が互いに逆関数になっている（$0 \leq \forall i \leq n$，$LF[\Psi[i]] = \Psi[LF[i]] = i$）ことからも，両者には強い関連があることが分かる（図 8.5 参照）．長さ $n+1$ の 0,1 ベクトル $B_c[0..n]$ を，$B_c[i] = 1 \iff$

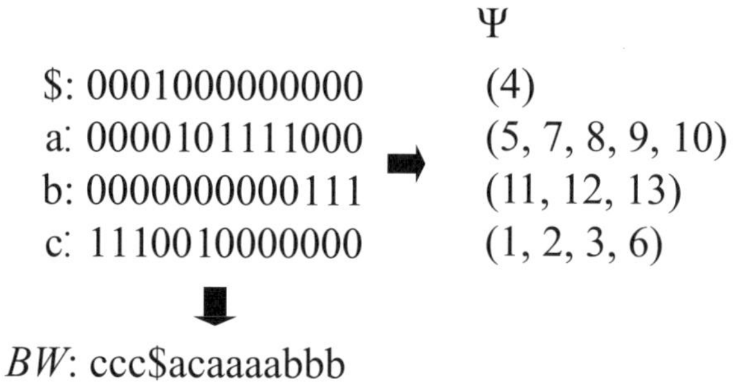

$\Psi$

$: 0001000000000    (4)
a: 0000101111000    (5, 7, 8, 9, 10)
b: 0000000000111    (11, 12, 13)
c: 1110010000000    (1, 2, 3, 6)

$BW$: ccc$acaaaabbb

図 8.5　$\Psi$ 関数と $LF$ 関数の関係.

$BW[i] = c$ と定義すると,$\Psi[C[c]+i] = select_1(i, B_c)$ が成り立つ ($c \in \mathcal{A}$,$1 \leq i \leq C[c+1] - C[c]$).また,$LF$ 関数を計算するには $rank_c(BW,i)$ を求める必要があるが,$rank_c(BW,i) = rank_1(B_c,i)$ であるため,定数時間で求まる.つまり,全ての $c \in \mathcal{A}$ に対するベクトル $B_c$ を並べた行列を格納すれば,$\Psi$ 関数と $LF$ 関数の両方を定数時間で計算できる.しかしこの行列をそのまま格納するとサイズが $n\sigma$ ビットと大きいため,2 つの異なる形式で圧縮したものが $\Psi$ 関数と $LF$ 関数といえる.

## 8.4.1　$\Psi$ から $BW$ を計算

まず,$\Psi$ を用いて $BW[i]$ を求める方法を示す.$BW[i] = c$ のとき,$B_c[i] = 1$ であるから,各 $c \in [1..\sigma]$ に対し,$\Psi[j] = i$ となる $j \in [C[c]+1, C[c+1]]$ が存在するか調べる.これは $\sigma$ 回の $\Psi$ での後方探索でできるため,$BW[i]$ を計算する時間を $T_{BW}$ とすると,$T_{BW} = O(\sigma \lg n)$ となる.また,$BW$ で $rank$ を計算する時間を $T_{rank}$ とすると,このアルゴリズムで同時に $rank$ も求まるため,$T_{rank} = O(\sigma \lg n)$ となる.文字 $c$ と $rank$ が求まれば $LF$ は計算できるため,$LF[i]$ を計算する時間は $T_{LF} = O(\sigma \lg n)$ となる.

## 8.4.2　$BW$ から $\Psi$ を計算

BW 変換後の文字列を用いて $\Psi[i]$ を計算するには,次のようにすればよい.まず,配列 $C$ を用い,$i \in [C[c]+1, C[c+1]]$ となる $c$ を求める.これは 2 分

探索で $O(\lg \sigma)$ 時間でできる．すると，$\Psi[i] = select_c(BW, i - C[c])$ となる．文字列 $BW$ で $select$ を計算する時間を $T_{select}$ とすると，$\Psi[i]$ を計算する時間は $T_\Psi = T_{select} + O(\lg \sigma)$ となる．文字列 $BW$ をウェーブレット木（データ構造 WT）で格納すれば $T_{select} = O(\lg \sigma)$ となるため，$T_\Psi = O(\lg \sigma)$ となる．

### 8.4.3 $BW$ と $\Psi$ の相互変換

上述の手法は $BW$ のみを格納して $\Psi$ を模倣する，またはその逆を行うものだが，$BW$ から $\Psi$ へ一括して変換，またその逆の操作は $O(n \lg \sigma)$ ビットの作業領域で $O(n)$ 時間で行える．これを利用すると，圧縮接尾辞配列ならびに FM-index を $O(n \lg \sigma)$ ビットの作業領域で $O(n \lg \lg \sigma)$ 時間で構築することができる [61]．

## 8.5 双方向 BW 変換

**双方向 BW 変換** (bi-directional Burrows-Wheeler transform) とは，BW 変換した文字列を用いたパタン検索を拡張するためのデータ構造である．アルゴリズム 8.2 ($bw\_search(P)$) の各反復では，$T$ の接尾辞配列でのパタン $P$ の辞書順の範囲 $[\ell, r]$ から，ある文字 $c \in \mathcal{A}$ に対してパタン $c \cdot P$ の辞書順の範囲 $[\ell', r']$ を求めている．つまり，パタンを左に伸ばしていく検索ができる．これを拡張し，パタンを右に伸ばしていく検索をすることを考える．つまり，パタン $P$ の辞書順の範囲 $[\ell, r]$ から，パタン $P \cdot c$ の辞書順の範囲 $[\ell'', r'']$ を求める方法を考える．データ構造 2BWT はこれを可能にするものである．文字列 $T$ に対する 2BWT とは，$T$ を BW 変換した文字列 $BW$ と，$T$ の文字を逆順に並び替えた文字列 $T^R$ を BW 変換した文字列 $BW^R$ と，それらに対する $rank$ の索引から成る．

$T$ の接尾辞配列 $SA$ でのパタン $P$ の辞書順の範囲 $[\ell, r]$ と，$T^R$ の接尾辞配列 $SA^R$ でのパタン $P^R$ の辞書順の範囲 $[s, e]$ が求まっているとする．$SA$ での $P \cdot c$ の辞書順の範囲を $[\ell', r']$ とすると，これは $[\ell, r]$ の一部であり，$[\ell, \ell' - 1]$ は $P \cdot c'$（$c'$ は $c$ よりアルファベット順が小さい任意の文字）の辞書順の範囲である．これは，$BW^R$ を使って求まる．なぜなら，$SA^R$ での $c' \cdot P^R$ の辞書

| $T$ | a b c a b c a a b c a c $ |  | $T^R$ | c a c b a a c b a c b a $ |
|---|---|---|---|---|

| $i$ | BW |  |  | $i$ | $BW^R$ |  |
|---|---|---|---|---|---|---|
| 0 | c | $ |  | 0 | a | $ |
| 1 | c | a a b c a c $ |  | 1 | b | a $ |
| 2 | c | a b c a a b c a c $ |  | 2 | b | a a c b a c b a $ |
| 3 | $ | a b c a b c a a b c a c $ |  | 3 | b | a c b a $ |
| 4 | a | a b c a c $ |  | 4 | c | a c b a a c b a c b a $ |
| 5 | c | a c $ |  | 5 | a | a c b a c b a $ |
| 6 | a | b c a a b c a c $ |  | 6 | c | b a $ |
| 7 | a | b c a b c a a b c a c $ |  | 7 | c | b a a c b a c b a $ |
| 8 | a | b c a c $ |  | 8 | c | b a c b a $ |
| 9 | a | c $ |  | 9 | $ | c a c b a a c b a c b a $ |
| 10 | b | c a a b c a c $ |  | 10 | a | c b a $ |
| 11 | b | c a b c a a b c a c $ |  | 11 | a | c b a a c b a c b a $ |
| 12 | b | c a c $ |  | 12 | a | c b a c b a $ |

図 8.6 双方向 BW 変換の例.

順の範囲は無関係の値だが,$c' \cdot P^R$ の出現頻度と $P \cdot c'$ の出現頻度は等しいからである.具体的には,$BW^R[s..e]$ の中の文字 $c' < c$ の出現頻度を $x$,文字 $c$ の出現頻度を $y$ とすると,$[\ell', r'] = [\ell + x, \ell + x + y - 1]$ となる.また,$SA^R$ でのパタン $c \cdot P^R$ の辞書順の範囲 $[s', e']$ は通常の検索アルゴリズムで求まる.

図 8.6 において,パタン a の辞書順は $[1, 5]$ である.パタン ab の辞書順を求めるために,$BW^R[1, 5]$ において b より小さい文字の数 (1) と b の数 (3) を求める.すると ab の辞書順が $[2, 4]$ であることが分かる.

$SA$ での $P$ の辞書順の範囲が求まっているときに,$c \cdot P$ の辞書順の範囲を求める場合は,$BW$ と $BW^R$ の役割を逆にして同じ計算を行えばよい.以上より次の定理を得る.

**定理 8.3** 文字列 $T$ の接尾辞配列中のパタン $P$ の辞書順が求まっているときに,ある文字 $c$ に対しパタン $P \cdot c$ とパタン $c \cdot P$ の辞書順の範囲は,$T$ の双方向 BW 変換を用いて $O(\sigma \cdot T_{rank})$ 時間で求まる.BW 文字列がウェーブレット木で表されているとき,これは $O(\lg \sigma)$ 時間で求まる.

## 8.6 ラベル付き木の圧縮

本節では BW 変換を拡張した XBW 変換を説明する．これはラベル付き木の圧縮法である．$n$ ノードのラベル付き木は，第 6.2.3 項の LOUDS に基づく手法を使えば $n(2 + \lg \sigma) + \mathrm{O}(n \lg \lg n / \lg n)$ ビットで表現できる．XBW を用いた場合，これと同等またはそれより小さいサイズに圧縮することができる．また，LOUDS, BP, DFUDS に基づく手法では効率的に実現できない**部分パス問い合わせ** (subpath query) も実現できる．この問い合わせは，XML 文書の検索などで用いられる．

根付き木 $T$ の各ノードはラベルを持つが，内部ノードのラベルは $\mathcal{A}_\mathrm{N}$ の要素，葉ノードのラベルは $\mathcal{A}_\mathrm{L}$ の要素とする[*1]．なお，$\mathcal{A}_\mathrm{N} \cap \mathcal{A}_\mathrm{L} = \emptyset$ とする．また，$|\mathcal{A}_\mathrm{N}| + |\mathcal{A}_\mathrm{L}| = \sigma$ で，$\sigma$ は 2 のべき乗とする．$T$ のノード $v$ のパスラベル $plabel(v)$ を，$v$ から $T$ の根までのパス上のノードラベルの連結（根のラベルが末尾）とする．

**問題 8.1（部分パス問い合わせ）** 根付き木 $T$ と文字列 $P$ に対する部分パス問い合わせ $subpath(T, P)$ とは，$T$ のノード $v$ でパスラベル $plabel(v)$ の接頭辞が $P$ と一致するものを全て列挙する問い合わせである．

パスラベルの接尾辞が $P$ と一致するノードを求めることは，$T$ の簡潔木を使って根から葉の方向にノードをたどっていくだけで求まるが，接頭辞が一致するノードを求めることは効率的にはできない．

### 8.6.1　XBW 変換

木 $T$ の各ノード $v$ に対し，4 つ組 $q(v) = \langle v, L[v], X[v], \pi[v] \rangle$ を定義する．ここで，$v$ はノードの行きがけ順，$X[v]$ は $v$ のラベル，$\pi[v]$ は $v$ の親のパスラベルである．つまり，$X[v]$ と $\pi[v]$ を連結すると $v$ のパスラベル $plabel(v)$ となる．なお，$T$ の根ノードの親として仮想的な親を作り，そのラベルは \$ と

---

[*1] N は non-terminal, L は leaf を表す．

し，ノードのパスラベルは末尾に $ を含むとする．また，$L[v]$ は $v$ がその親の最後の子のときに 1，それ以外のときは 0 とする．なお，根については親が存在しないため $L[v] = 0$ とする．

木の全ノードの 4 つ組を，$(\pi[v], v)$ をキーとしてソートする．つまり，まず $\pi$ の辞書順にソートし，$\pi$ が等しいときは行きがけ順にソートする．そして，ソートした順番に $L[v]$ と $X[v]$ を並べた文字列を $L[1..n]$ と $X[1..n]$ とする ($n$ は $T$ のノード数).

**定義 8.2** 根付き木 $T$ の XBW 変換 $XBW(T)$ を，ペア $\langle L, X \rangle$ と定義する．

木が 1 本のパスの場合，XBW の $X$ と，パス上のラベルからなる文字列の BW 変換は一致する．よって，XBW 変換は BW 変換の一般化である．

木 $T$ のノード数を $n$ とすると，$XBW(T)$ は $n(1 + \lg \sigma)$ ビットで表せる．なお，内部ノードと葉ノードで同じラベル集合を使う場合 ($\mathcal{A}_\mathrm{N} = \mathcal{A}_\mathrm{L} = \mathcal{A}$)，それらを区別するためにはラベルに 1 ビット追加すればよい．このとき $|\mathcal{A}| = \sigma'$ とすると $XBW(T)$ は $n(2 + \lg \sigma')$ ビットで表せる．これは LOUDS などを使った表現と同じサイズである．

図 8.7 のラベル付き木の XBW を図 8.8 に示す．行きがけ順が 2, 9, 14 のノードは共通の親を持つため，$\pi$ が等しい．よってソート後は $X$ の連続した位置に存在する．$L$ は最後の子の位置を示すため，ノード 14 に対応する箇所だけ $L[v] = 1$ となる．また，ノード 3, 4, 7 は共通の親 2 を持ち，ノード 15, 17 は共通の親 14 を持つが，ノード 2, 14 のパスラベルは B A $ で等しい．よって $X$ では連続した位置に来る．しかし $\pi$ が等しいときは行きがけ順でソートをするため，共通の親を持つノードが連続するようになっている．そして，対応する $L$ は 0 0 1 0 1 となっており，どのノードが共通の親を持つかが分かるようになっている．

このように，$L$ はノードの子の数を 1 進数符号で表したものになっている．ただし，$L$ は内部ノードに対してのみ定義されているので，子の数は 1 以上である．よって，（子の数）$- 1$ を 1 進数符号で表している．

8.6 ラベル付き木の圧縮 — *181*

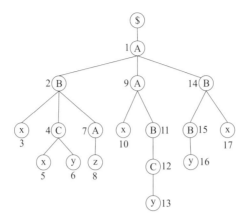

**図 8.7** ラベル付き木の例.ノードの脇の数字は行きがけ順を表す.根の親として仮想的な親を作り,そのラベルは $ とする.

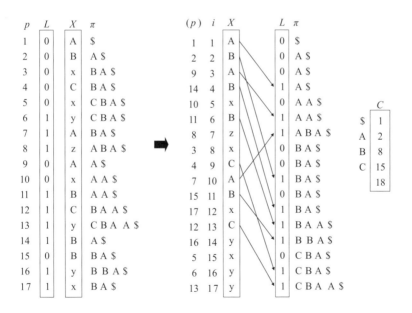

**図 8.8** XBW 変換の例.$p$ はノードの行きがけ順,$i$ は配列の添え字を表す.$X$ から $L$ への矢印は $LF$ 関数を表す.変換後は元の行きがけ順の情報は持たない.

## 8.6.2 XBW を用いた木の巡回操作

XBW を用いて木の上の操作を実現する．木のノードは，そのノードのラベルが格納されている $X$ の位置で表すとする．根ノードの位置は必ず 1 となる．

BW 変換同様に，$X$ と $\pi$ の間に $LF$ 関数を定義する．ただし，$X$ 側は $X[i] \in \mathcal{A}_{\mathrm{N}}$ のとき，つまり $i$ が内部ノードのときだけ定義する．また，$\pi$ 側は，$L[j] = 1$ のところだけを指すようにする．つまり，$\pi$ には同じパスラベルが複数現れるが，1 つのノードに対して 1 つだけ，$LF$ で指されるようにする．$X$ 中の $\mathcal{A}_{\mathrm{N}}$ の文字の数は内部ノードの個数と等しい．また，$L[j] = 1$ となる箇所の数も内部ノードの個数と等しい．よって，これらの間に 1 対 1 の対応がある．

**定義 8.3** $X[i] \in \mathcal{A}_{\mathrm{N}}$ である $i$ に対し，$c = X[i]$, $k = rank_c(X, i)$ とする．また，$r$ を $\pi[j]$ の先頭の文字が $c$ で $L[j] = 1$ となる $j$ の中で小さい方から $k$ 番目の値とする．このとき $LF[i] = r$ と定義する．

BW 変換同様，配列 $C[0..\sigma+1]$ を定義し，$C[c]$ は $\pi[i]$ の先頭の文字が $c$ であるような最小の $i$ とする．また，$C[0] = 1, C[\sigma+1] = n+1$ とする．すると，$z = rank_1(L, C[c] - 1)$ とすると $LF[i] = select_1(L, z+k)$ と書ける．

**補題 8.5** $X[i] \in \mathcal{A}_{\mathrm{N}}$ である $i$ に対し，$r = LF[i]$ とする．すると $r$ はノード $i$ の一番最後の子に対応する．

**証明:** $\pi[j]$ の中で $L[j] = 1$ のものだけ取り出すと，全ての内部ノードのパスラベルを辞書順に並べたものになる．その中でパスラベルの先頭の文字が $X[i]$ と等しいものだけを取り出して考える．これらのパスラベルを持つノードは，$X$ 側では $X[i'] = X[i]$ となる $i'$ で表される．$X[i']$ と $\pi[i']$ を連結したもの（$P[i']$ とする）は辞書順に並んでいる．また，それらは $\pi$ 側にも現れ，辞書順に並んでいる．よって，$P[i'] = \pi[LF[i']]$ となる．つまり，$r = LF[i]$ は $i$ の子ノードとなる．また，$L[r] = 1$ は $r$ がその親の一番最後の子であることを表すため，主張が成り立つ． □

$LF$ 関数を用いると，木の巡回が実現できる．まず，ノード $i$ の子に対応する範囲 $[\ell, r]$ を返す関数 $childrange(i)$ はアルゴリズム 8.3 で計算できる．なお，

**アルゴリズム 8.3** $childrange(i)$: ノード $i$ の子の範囲 $[\ell, r]$ を返す.
1: **if** $X[i] \in \mathcal{A}_L$ **then**　　　　　　　　　　　　　　　▷ $i$ が葉のとき
2: 　　**return** $[1, 0]$
3: **end if**
4: $c \leftarrow X[i]$
5: $y \leftarrow C[c]$
6: $k \leftarrow rank_c(X, i)$
7: $z \leftarrow rank_1(L, y-1)$
8: $r \leftarrow select_1(L, z+k)$　　　　　　　　　　　　　　　　▷ $r = LF[i]$
9: $\ell \leftarrow select_1(L, z+k-1) + 1$　　　　　　　　　　　　　▷ $\ell = pred_1(L, r) + 1$
10: **return** $[\ell, r]$

この関数は, $r = LF[i]$, $\ell = pred_1(L, r) + 1$ とも書ける.

ノード $v$ の子に対応する範囲 $[\ell, r]$ が求まれば, ノードの次数は $degree(v) = r - \ell + 1$ で求まり, 左から $i$ 番目の子は $child(v, i) = \ell + i - 1$ で求まる. また, $v$ の子でラベルが $c$ のもの $child(v, c)$ は $succ_c(X, \ell - 1)$ で求まる. なお, そのようなノードは複数存在する可能性があることに注意する.

LF関数の計算の逆を行うことで, ノードの親を求めることができる (アルゴリズム 8.4). なお, $C[c]$ の逆の計算が必要となる. つまり, $i$ から $C[c] \le i < C[c+1]$ を満たす $c$ を計算する必要がある. そのために $C$ をビットベクトル $C'$ で表現する. 各 $c \in \mathcal{A}_N$ に対し, $C'[C[c]] = 1$ とする. すると $C[c] \le i < C[c+1]$ を満たす $c$ は $c = rank_1(C', i)$ で計算でき, $C[c] = select_1(C', c)$ となる. $C'$ は長さが $n$ で 1 の数が $\sigma$ 個以下である. よって FID を用いて $\min\left\{n, \sigma \lg \dfrac{n}{\sigma} + \mathrm{O}(\sigma)\right\} + \mathrm{O}(n \lg \lg n / \lg n)$ ビットで表現でき, $rank/select$ は定数時間である.

**定理 8.4 (データ構造 XBW [36])**　　$n$ ノードのラベル付き木のXBWは $n(1 + \lg \sigma) + \sigma \lg \frac{n}{\sigma} + \mathrm{O}(\sigma) + \mathrm{O}(n \lg \lg n / \lg n)$ ビットで表現でき, $childrange(v)$, $degree(v)$, $child(v, i)$, $child(v, c)$ は $\mathrm{O}(T_{rank})$ 時間, $parent(v)$ は $\mathrm{O}(T_{select})$ 時間で求まる ($T_{rank}, T_{select}$ は長さ $n$, アルファベットサイズ $\sigma$ の文字列での $rank$ と $select$ を計算する時間).

**アルゴリズム 8.4** $parent(i)$: ノード $i$ の親を返す.

1: **if** $i = 1$ **then**                                                                             ▷ $i$ が根のとき
2:     **return** 0
3: **end if**
4: $c \leftarrow rank_1(C', i)$
5: $y \leftarrow select_1(C', c)$                                                           ▷ $y \leftarrow C[c]$
6: $k \leftarrow rank_1(L, i-1) - rank_1(L, y-1) + 1$
7: $p \leftarrow select_c(X, k)$
8: **return** $p$

**アルゴリズム 8.5** $subpath(Q)$: パスラベルの接頭辞が $Q$ と一致するノードの範囲を返す.

1: $i \leftarrow |Q|$
2: $\ell \leftarrow C[Q[i]], r \leftarrow C[Q[i]+1] - 1$
3: **while** $\ell \leq r$ and $i \geq 2$ **do**
4:     $i \leftarrow i - 1$
5:     $c \leftarrow Q[i]$
6:     $y \leftarrow C[c]$
7:     $z \leftarrow rank_1(L, y-1)$
8:     $k_1 \leftarrow rank_c(X, \ell - 1)$
9:     $\ell \leftarrow select_1(L, z + k_1) + 1$
10:     $k_2 \leftarrow rank_c(X, r)$
11:     $r \leftarrow select_1(L, z + k_2)$
12: **end while**
13: **return** $[\ell, r]$                                                      ▷ $\ell > r$ なら解は存在しない.

## 8.6.3 部分パス問い合わせ

部分パス問い合わせは，FM-index でのパタンの検索と同様に行えるが，LF 関数は $L[i] = 1$ である行しか指さないため，その調整が必要である．

**定理 8.5** アルゴリズム 8.5 は部分パス問い合わせ $subpath(Q)$ を $O(|Q| \cdot T_{rank})$ 時間で実行する．

**証明:** アルゴリズムでは，まず 2 行目で $Q$ の最後の文字 $Q[|Q|]$ をパスラベルの接頭辞として持つノードの範囲 $[\ell, r]$ を求める．次に，$X[\ell, r]$ の中で $Q$ で

1つ前の文字 $c$ を探す．$X[\ell,r]$ の中に $c$ が存在する場合，$k_2$ はその中で最後の $c$ が，$X$ の中で先頭から何番目かを表し，$r \leftarrow select_1(L, z+k_2)$ で最後の $c$ の最後の子ノードに対応する位置に移動する．$k_1$ は $X[\ell,r]$ の直前の $c$ が先頭から何番目かを表す．つまり $k_1+1$ が $X[\ell,r]$ の最初の $c$ のランクを表す．よって $select_1(L, z+k_1+1)$ が最初の $c$ の最後の子ノードを表すが，求めたいものは最初の子ノードの位置であり，それは $select_1(L, z+k_1)+1$ で求まる．

$X[\ell,r]$ の中に $c$ が存在しない場合，$k_1 = k_2$ となり，その結果 $l > r$ となり，解が存在しないことを表す．

計算時間は，$X$ での $rank$ を $2|Q|$ 回求めるため，$O(|Q| \cdot T_{rank})$ となる．□

図 8.8 において，パスラベル A に対応する範囲は $[2, 7]$ で，これは 3 つのノード（行きがけ順で $1, 9, 7$）を表す．次にパスラベル BA を表す範囲を求める場合，$y=8, z=3, k_1=0, k_2=3, \ell=8, r=13$ となる．これは 3 つのノード（行きがけ順で $2, 11, 14$）を表す．次にパスラベル CBA を表す範囲を求める場合，$y=15, z=7, k_1=0, k_2=2, \ell=15, r=17$ となる．これは 2 つのノード（行きがけ順で $4, 12$）を表す．

## 8.7　de Bruijn グラフの圧縮

de Bruijn グラフ[*2]は文字列（集合）に現れる決まった長さの全ての部分文字列の集合を表すグラフであり，DNA 配列（文字列）の**アセンブリ処理 (assembly)** で使われている．アセンブリとは，DNA 配列の短い断片の集合が与えられたとき，それらを繋ぎ合わせて長い DNA 配列を復元する処理である．ヒトゲノムのアセンブリの場合，DNA 配列の長さの合計は約 30 億で，それを 100 文字程度の断片に切断してシーケンサで読み取っている．このデータに対し de Bruijn グラフを構築すると枝の数が数十億になるため，簡潔な表現が必要となる．

---

[*2] de Bruijn はオランダ人数学者で，ド・ブランと発音するが，ド・ブルインと発音する人が多い．

## 8.7.1 グラフの定義

オリジナルの定義 [26] では，$\sigma$ 個のシンボルに対する $k$ 次元 de Bruijn グラフは，シンボルの文字列間の重なりを表す有向グラフで，次のように定義される．グラフは $\sigma^k$ 個のノードを持ち，全ての長さ $k$ のシンボルの文字列と対応する．1つのノードは $(u_1, \ldots, u_k)$ と表される．ここで各 $u_1, \ldots, u_k$ はシンボルである．任意のノードのペア $u = (u_1, \ldots, u_k)$ に対し $v = (v_1, \ldots, v_k)$，$u_2 = v_1, u_3 = v_2, \ldots, u_k = v_{k-1}$ ならばグラフは $u$ から $v$ への有向枝を持ち，枝ラベルは $v_k$ である．本書では，これを $\sigma$ 個のシンボルに対する $k$ 次元完全 de Bruijn グラフと呼ぶ．以下で扱う de Bruijn グラフは，完全 de Bruijn グラフの部分グラフである．図 8.9 に例を示す．

文字列 $s = (c_1, c_2, \ldots, c_k)$ $(c_i \in [\sigma])$ に対し，$s[i, j]$ $(1 \leq i \leq j \leq k)$ は部分文字列 $(c_i, \ldots, c_j)$，$s[i]$ $(1 \leq i \leq k)$ は文字 $c_i$ を表すとする．長さ $k$ の文字列は $k$ グラム ($k$-gram) または $k$-mer と呼ばれる．前者は自然言語処理，後者はゲノム情報処理で使われている用語であるが，指すものは同じである．

$\mathcal{R} = \{T_1, T_2, \ldots, T_N\}$ を文字列の集合とする．また，$\mathcal{O}(s; \mathcal{R}) = \{(i, j) \mid T_i \in \mathcal{R}, T_i[j, j+|s|-1] = s\}$ とする．これは集合 $\mathcal{R}$ の中の文字列 $s$ の出現位置の集合である．ある自然数 $d$ に対し，$K_d^k(\mathcal{R}) = \{s \in [\sigma]^k \mid |\mathcal{O}(s; \mathcal{R})| \geq d\}$ と定義する．これは $\mathcal{R}$ 内に $d$ 回以上現れる $k$-mer の集合である．この $d$ の値をカットオフ値と呼ぶ．カットオフ値を考える理由は，DNA 配列の文字情報をシーケンサで読み取るときにエラーが入るからである．エラー率は低いた

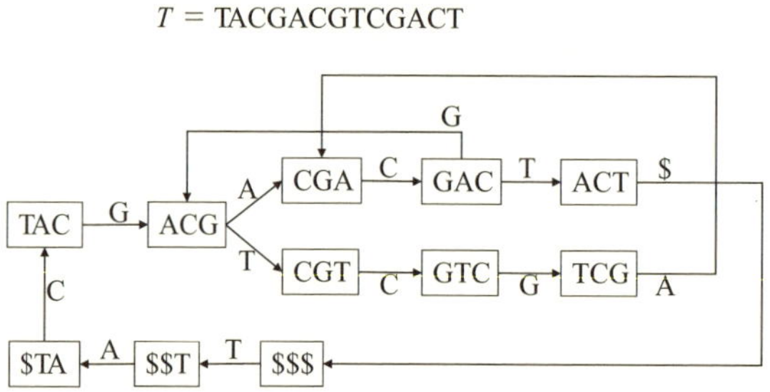

図 8.9 文字列 $T$ の 3 次元 de Bruijn グラフ．

め，DNA 配列の同じ個所を複数回読み取ったとき，エラーを含む $k$-mer の頻度は少なくなる．よって $d$ 回未満現れる $k$-mer は読み取りエラーにより生成されたとみなして削除する．

de Bruijn グラフはDNA配列のアセンブリで使われるが，自然言語処理でも役に立つ．ある文字（または単語）の出現確率がその直前 $k$ 文字（単語）から決定されるという $k$ 次マルコフモデルを考える場合，de Bruijn グラフを用いてこのモデルの情報を表すことができる．

de Bruijn グラフの定義には 2 種類ある．ノードに基づくものと，枝に基づくものである．

**定義 8.4** 文字列集合 $\mathcal{R}$ に対し，ノードに基づく $k$ 次元 de Bruijn グラフ（カットオフ値 $d$）とは，次のように定義されるグラフ $G_\mathrm{N}^{k,d} = (V_\mathrm{N}^{k,d}, E_\mathrm{N}^{k,d})$ である．

$$V_\mathrm{N}^{k,d} = K_d^k(\mathcal{R}),$$
$$E_\mathrm{N}^{k,d} = \{(u,v) \mid u,v \in V_\mathrm{N}^{k,d}, u[2..k] = v[1..k-1]\}.$$

また，枝に基づく $k$ 次元 de Bruijn グラフ（カットオフ値 $d$）とは，次のように定義されるグラフ $G_\mathrm{E}^{k,d} = (V_\mathrm{E}^{k,d}, E_\mathrm{E}^{k,d})$ である．

$$V_\mathrm{E}^{k,d} = \{u[1..k] \mid u \in K_d^{k+1}(\mathcal{R})\} \cup \{u[2..k+1] \mid u \in K_d^{k+1}(\mathcal{R})\},$$
$$E_\mathrm{E}^{k,d} = \{(u,v) \mid \exists s \in K_d^{k+1}(\mathcal{R}), u = s[1..k], v = s[2..k+1]\}.$$

de Bruijn グラフの枝 $(u,v)$ において，$u$ の表す文字列の長さ $k-1$ の接尾辞と，$v$ の表す文字列の長さ $k-1$ の接頭辞は等しい．よって，この枝は長さ $k+1$ の文字列 $u \cdot v[k] = u[1] \cdot v$ で表すことができる．よって，この枝 $(u,v)$ と $(k+1)$-mer $u \cdot v[k] = u[1] \cdot v$ を同一視する．これを用いて枝に基づく de Bruijn グラフの定義を書き換える．

$$E_\mathrm{E}^{k,d} = K_d^{k+1}(\mathcal{R}),$$
$$V_\mathrm{E}^{k,d} = \{u[1..k] \mid u \in E_\mathrm{E}^{k,d}\} \cup \{u[2..k+1] \mid u \in E_\mathrm{E}^{k,d}\}.$$

$E_\mathrm{E}^{k,d}$ の定義も同様に書き換える．すると，2 種類の de Bruijn グラフに対し，以下の関係が成り立つ．

**補題 8.6** 任意の $k \geq 2$ と $d \geq 1$ に対し, $V_\mathrm{E}^{k,d} \subseteq V_\mathrm{N}^{k,d} = E_\mathrm{E}^{k-1,d} \subseteq E_\mathrm{N}^{k-1,d}$

**証明:** グラフの定義より, $V_\mathrm{N}^{k,d} = E_\mathrm{E}^{k-1,d}$ は明らかである. ある枝 $(u,v) \in E_\mathrm{E}^{k,d}$ について考える. この枝を表す $(k+1)$-mer を $s = u \cdot v[k]$ とする. $s \in K_d^{k+1}(\mathcal{R})$ であるため, $s$ は $d$ 回以上現れる. すると $s$ の任意の部分文字列も $\mathcal{R}$ 内に $d$ 回以上現れる. よって $u = s[1..k]$ と $v = s[2..k+1]$ は $K_d^k(\mathcal{R})$ に属する. つまり $(u,v) \in E_\mathrm{N}^{k,d}$ であり, $E_\mathrm{E}^{k,d} \subseteq E_\mathrm{N}^{k,d}$ が成り立つ. また, $u, v \in V_\mathrm{N}^{k,d}$ であり, $V_\mathrm{E}^{k,d} \subseteq V_\mathrm{N}^{k,d}$ が成り立つ. □

以下では枝に基づく de Bruijn グラフを扱う.

### 8.7.2 簡潔 de Bruijn グラフ

枝に基づく $k$ 次元 de Bruijn グラフの簡潔表現は, 次の操作を実現する.

- $outdegree(v)$: ノード $v$ から出る枝の数を返す.
- $outgoing(v,c)$: $v$ から出る枝でラベルが $c$ のものをたどった先のノードを返す. そのような枝が存在しないとき, $-1$ を返す.
- $indegree(v)$: ノード $v$ に入る枝の数を返す.
- $incoming(v,c)$: ノード $w = (w_1, \ldots, w_k)$ で $w_1 = c$ であり, $w$ から $v$ へ枝があるようなものを返す.
- $Label(i)$: 添え字が $i$ のノードのラベル $Label[i]$ を返す.
- $search(s)$: 長さ $k$ の文字列 $s$ に対し, ノードラベルが $s$ と等しいノードの添え字 $i$ を返す.

まず, 1つの文字列 $T$ に対する簡潔 de Bruijn グラフでかつ $d = 1$ の場合を定義する. その後, 文字列集合 $\mathcal{R}$ と一般の $d \geq 1$ に拡張する.

まず, $E_\mathrm{E}^{k,d}$ の $(k+1)$-mer を, その中のノードラベルの部分を左右反転した文字列の辞書順にソートする. ノードラベルが等しい場合は枝ラベルでソートする. 正確には, $s_j \in E_\mathrm{E}^{k,d}$ を $(k+1)$-mer とすると $(1 \leq j \leq m)$, それらを $s_j[k]s_j[k-1]\cdots s_j[1]s_j[k+1]$ の辞書順にソートするソート順で $i$ 番目の $(k+1)$-mer を $e_i$ で表す. これはラベルが $Label[i] = e_i[1]e_i[2]\cdots e_i[k]$

であるノードと，そこから出ているラベル $e_i[k+1]$ の枝を表す．また，$Label_R[i] = e_i[2]\cdots e_i[k+1]$ と定義する．枝に基づく de Buijn グラフのノード集合の定義は $V_E^{k,d} = \{u[1..k] \mid u \in E_E^{k,d}\} \cup \{u[2..k+1] \mid u \in E_E^{k,d}\}$ であった．$V_L = \{u[1..k] \mid u \in E_E^{k,d}\}$，$V_R = \{u[2..k+1] \mid u \in E_E^{k,d}\}$ とすると，ノードラベルの集合 $Label[\cdot]$ と $Label_R[\cdot]$ はそれぞれ $V_L$ と $V_R$ に対応する．

集合 $Label$ と $Label_R$ の間に全単射を定義する．$i, j$ を $1 \leq i, j \leq m$ かつ $Label_R[i] = Label[j]$ である添え字とする．$Label$ と $Label_R$ の間の写像を $fwd(i) = j$ と $bwd(j) = i$ と定義する．ただし，一般には $Label \neq Label_R$ であるため，ある添え字 $i, j$ に対して写像を定義できない．ノードラベル $Label_R[i] = e_i[2]\cdots e_i[k+1] \in V_R$ が $V_L$ に存在しない場合を考える．これは部分文字列 $e_i[2]\cdots e_i[k+1]$ が $T$ の末尾のときに起こり得る．この場合，$E_E^{k,d}$ にダミー枝 $e_i[2]\cdots e_i[k+1]\$$ を追加する．ここで \$ は $\mathcal{A}$ に存在しないダミー文字で，アルファベット順はどの文字よりも小さいとする．同様に，ノードラベル $e_j[1]e_j[2]\cdots e_j[k] \in V_L$ が $V_R$ に存在しない場合を考える．これは文字列の先頭の部分文字列の場合に起こり得る．この場合，$E_E^{k,d}$ にダミー枝 $\$e_j[1]e_j[2]\cdots e_j[k]$ を追加する．なお，この 1 本だけでは十分ではなく，$\$\$e_j[1]e_j[2]\cdots e_j[k-1], \$\$\$e_j[1]e_j[2]\cdots e_j[k-2], \ldots, \$\$\cdots\$e_j[1]$ も追加する．合計で，$k+1$ 個のダミー枝を追加する．そしてノード間の写像を，$Label_R[i] = Label[j]$ のときに $fwd(i) = j$ かつ $bwd(j) = i$ と定義する．なお，$e_i[2]\cdots e_i[k+1]\$ \in V_R$ は $V_L$ に存在せず，また $\$\$\cdots\$ \in V_L$ は辞書順が最小の 1 であり，$V_R$ に存在しないため，$fwd(i) = 1$ かつ $bwd(1) = i$ と定義する．これにより全ての $fwd(\cdot)$ と $bwd(\cdot)$ が定義できた．ダミーノードとダミー枝を含む de Bruijn グラフを $G'$ で表す．グラフの例を図 8.9 に示す．

次に，$N \geq 1$ 本の文字列の集合 $\mathcal{R}$ の de Bruijn グラフで，$d \geq 1$ の場合を考える．いくつかの $(k+1)$-mer は出現頻度が $d$ 未満のため削除されており，$fwd(\cdot)$ と $bwd(\cdot)$ が定義できなくなる．上述の手法を用いて $k+1$ 本のダミー枝を追加すれば $fwd(\cdot)$ と $bwd(\cdot)$ を定義できるが，全ての箇所で同じことを行うと $E_E^{k,d}$ に追加されるダミー枝の数が非常に多くなってしまうため，全単射を定義するために必要最小限のダミー枝を追加することにする．

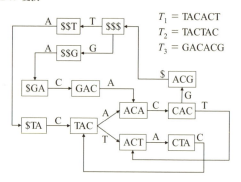

**図 8.10** 文字列 $T_1, T_2, T_3$ に対する 3 次元 de Bruijn グラフ. $d = 1$.

$\mathcal{R}$ 内のある文字列 $u$ に対し，$u[i..i+k]$ は存在するが $u[i+1..i+k+1]$ が頻度が $d$ 未満で削除されている場合，または $u[i..i+k]$ が文字列の最後の場合を考える．もし，$v = u[i+1..i+k]c$ の頻度が $d$ 以上となる $c \in \mathcal{A}$ が存在する場合，ダミー枝 $u[i+1..i+k]\$$ は追加しないことにする．同様に，$u[i..i+k]$ は存在するが $u[i-1..i+k-1]$ は削除されている場合，または $u[i..i+k]$ が文字列の先頭の場合でも，$v = cu[i..i+k-1]$ ($c \in \mathcal{A}$) が存在するならばダミー枝 $\$u[i..i+k-1]$ は追加しない．もしダミー枝を追加するなら，同時に $\$\$u[i..i+k-2], \ldots, \$\$\cdots\$u[i]$ も追加する．図 8.10 は例である．

グラフの作り方より，次の補題は自明である．

**補題 8.7** 任意の枝 $e_i[1]e_i[2]\cdots e_i[k+1] \in E_\mathrm{E}^{k,d}$ で $e_i[k+1] \neq \$$ であるものに対し，$v = e_i[2]\cdots e_i[k+1]$ となる唯一のノード $v \in V_\mathrm{L}$ が常に存在する．また，任意の枝 $e_j[1]e_j[2]\cdots e_j[k+1] \in E_\mathrm{E}^{k,d}$ で $e_j[1]e_j[2]\cdots e_j[k] \neq \$\$\cdots\$$ であるものに対し，$w = e_j[1]\cdots e_j[k]$ となる唯一のノード $w \in V_\mathrm{R}$ が常に存在する．

### 8.7.3 簡潔 de Bruijn グラフのデータ構造

文字集合を $\mathcal{A} = \{1, 2, \ldots, \sigma\}$ とする．これに対し，別の文字集合 $\mathcal{A}^- = \{\sigma+1, \sigma+2, \ldots, 2\sigma\}$ を定義する．$\mathcal{A}$ と $\mathcal{A}^-$ の間に全単射を定義する．ある文字 A が $x \in \mathcal{A}$ で表されるとき，それに対応する $\mathcal{A}^-$ の文字 $\mathrm{A}^-$ は $x + \sigma \in \mathcal{A}^-$

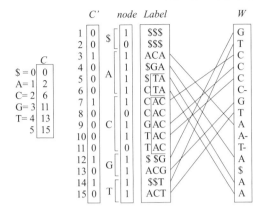

**図 8.11** 図 8.10 の de Bruijn グラフの簡潔表現. ノードラベルの長さ $k-1 = 2$ の接尾辞が等しい部分に印が付けてある.

で表される. ある要素 $c \in \mathcal{A}$ に対応する $\mathcal{A}^-$ の要素を $c^-$ で表すとし, 関数 $u: \mathcal{A}^- \cup \mathcal{A} \to \mathcal{A}$ を $u(c^-) = c$ ($\forall c^- \in \mathcal{A}^-$), $u(c) = c$ ($\forall c \in \mathcal{A}$) と定義する. つまり $u(x) = x - \sigma$ ($x \in \{\sigma+1, \sigma+2, \ldots, 2\sigma\}$), $u(x) = x$ ($x \in \{1, 2, \ldots, \sigma\}$) である. また, $u^-(c) = c^-$ ($\forall c \in \mathcal{A}$) と定義する. つまり, $u^-(x) = x + \sigma$ ($x \in \{1, 2, \ldots, \sigma\}$) である.

de Bruijn グラフ中の枝の数を $m$, ダミー枝を含めた枝の数を $m'$ とする. また, ダミーノードを含まないノード数を $n$, 含むノード数を $n'$ とする. 簡潔 de Bruijn グラフは以下の要素から構成される.

- 文字列 $W = W[1]W[2]\cdots W[m']$ で, 各文字は $\mathcal{A} \cup \mathcal{A}^- \cup \{\$\}$ の要素
- 0,1 ベクトル $node[1..m']$
- 長さ $\sigma + 2$ の整数配列 $C$

例を図 8.11 に示す.

各構成要素の定義は以下の通りである. ソート順で $i$ 番目の $(k+1)$-mer を $e_i$ とする ($1 \le i \le m'$). 0,1 ベクトル $node$ は $i = 1$ または $Label[i]$ が $Label[i-1]$ と異なるときは $node[i] = 1$, それ以外のときは $node[i] = 0$ と定義する. この定義より, $node[i] = 1$ である全ての $Label[i]$ は相異なり, これら

の添え字 $i$ は $G'$ のノードと 1 対 1 対応がある. また, $V_\mathrm{E}^{k,d} = V_\mathrm{L} \cup V_\mathrm{R} = V_\mathrm{L}$ であるため, これらの添え字は $V_\mathrm{L}$ のノードとも 1 対 1 対応がある. よって, $node[i] = 1$ である添え字 $i$ をノードの代表元とする.

配列 $C$ はノードラベルの最後の文字の累積頻度を表す. 正確には, 各 $c \in \mathcal{A} \cup \{\$\}$ に対し, $C[c] = |\{i \mid 1 \leq i \leq m', e_i[k] < c\}|$, また $C[\sigma+1] = m'$ である. なお, ここで $e_i[k]$ は $Label[i]$ の最後の文字である.

文字列 $W$ は次のように定義される. もし $Label_\mathrm{R}[i]$ が $j < i$ である任意の $Label_\mathrm{R}[j]$ と異なる場合, $W[i]$ ($1 \leq i \leq m'$) は $e_i$ の最後の文字 $e_i[k+1]$ とする. そうでない場合, $W[i] = u^-(e_i[k+1])$ とする. このように定義する理由を図 8.11 の例を使って説明する. ノード CAC は出る枝を 2 本持ち, それらの枝ラベルは T と G である. これらの枝は配列の 7,8 行目で表されている. また, ノード GAC から出る枝のラベルは A で, ノード TAC から出る枝のラベルは A と T である. つまり, ノード CAC から枝 T をたどった場合と, ノード TAC から枝 T をたどった場合はどちらもノード ACT へ行くことになり, 全単射が定義できない. よって, 辞書順で後に出てくるノード TAC については, そこから出る枝 T に対しては全単射を定義しないことにする. このことを表すために $W[11]$ の T には − の記号を付けている. 同様に, ノード TAC から出る枝 A についても, 1 行上の枝の行き先と同じになってしまうため, − を付けている.

写像 $bwd(\cdot)$ と $fwd(\cdot)$ を次のように定義する. 上述のように, $node[i] = 1$ である添え字 $i$ の集合と, de Bruijn グラフ $G'$ のノード集合には 1 対 1 対応がある. $W[j] \in \mathcal{A}$ である添え字 $j$ について考える. $W$ の定義より, そのような $j$ に対しては全ての $Label_\mathrm{R}[j]$ は異なり, その場合のラベルの集合は $V_\mathrm{E}^{k,d}$ と一致する. よって任意の $Label_\mathrm{R}[j]$ に対し, $Label[i] = Label_\mathrm{R}[j]$ となる添え字 $i$ が存在する. そのような添え字 $i$ のうち, $node[i] = 1$ であるものが 1 つだけ存在し, それを用いて $fwd(j) = i$ かつ $bwd(i) = j$ と定義する.

この写像は $W$ での $rank$ と $select$ で表せる. $i, j$ を $node[i] = 1$ かつ $Label[i] = Label_\mathrm{R}[j]$ である添え字とする. つまり $bwd(i) = j$ かつ $fwd(j) = i$ である. そのような $j$ が与えられたとき, $i = fwd(j)$ は $c = W[j]$, $r = rank_c(W, j)$, $i = select_1(node, rank_1(node, C[c]) + r)$ で計算できる. つまり

## 8.7 de Bruijn グラフの圧縮

**アルゴリズム 8.6** $fwd(j)$:

1: **if** $W[j] = \$$ **then**
2:  **return** 1
3: **end if**
4: $c \leftarrow u(W[j])$
5: $r \leftarrow rank_c(W, j)$
6: $i \leftarrow select_1(node, rank_1(node, C[c]) + r)$
7: **return** $i$

---

**アルゴリズム 8.7** $bwd(i)$:

1: **if** $node[i] = 0$ **then**
2:  $i \leftarrow pred_1(node, i)$
3: **end if**
4: **if** $i = 1$ **then**
5:  **return** 1
6: **end if**
7: $c \leftarrow rank_1(C', i)$
8: $r \leftarrow rank_1(node, i) - rank_1(node, C[c])$
9: $j \leftarrow select_c(W, r)$
10: **return** $j$

---

$fwd(j)$ は $\mathrm{O}(T_{rank})$ 時間で計算できる.また,$i$ が与えられたときに $bwd(i)$ を計算するには,まず,$Label[i]$ の最後の文字 $c$ を求め,次に $r = rank_1(node, i) - rank_1(node, C[c])$ を計算する.すると $j = select_c(W, r)$ となる.

$c$ を計算するには,$C[\cdot]$ の逆の計算が必要である.XBW の場合と同様に,$C$ をビットベクトル $C'$ で表現する.各 $c \in \mathcal{A}$ に対し,$C'[C[c] + 1] = 1$ とする.すると $C[c] < i \leq C[c+1]$ を満たす $c$ は $c = rank_1(C', i)$ で計算でき(これを $c = C^{-1}(i)$ と表記する),$C[c] = select_1(C', i) - 1$ となる.$C'$ は長さが $m'$ で 1 の数が $\sigma$ 個以下である.よって FID を用いて $\sigma \lg \dfrac{m'}{\sigma} + \mathrm{O}(\sigma) + \mathrm{O}(m' \lg \lg m' / \lg m')$ ビットで表現でき,$rank/select$ は定数時間である.以上より,$bwd(i)$ は $\mathrm{O}(T_{select})$ 時間で計算できる.

写像 $fwd(j)$ と $bwd(i)$ を $W[j] \in \mathcal{A}^-$ である $j$ と $node[i] = 0$ である $i$ に対しても定義する.もし $W[j] \in \mathcal{A}^-$ のとき,$fwd(j)$ を $j' = pred_{u(W[j])}(W, j)$ を用

**アルゴリズム 8.8** *outdegree(v)*:
1: **return** $succ_1(node, v+1) - v$

いて $fwd(j')$ と定義する．もし $node[i] = 0$ のとき，$bwd(i)$ を $i' = pred_1(node, i)$ を用いて $bwd(i')$ と定義する．つまり，添え字 $i'$ を $Label[i]$ の代表元とする．便宜上，$W[j] = \$$ のときは $fwd(j) = 1$ と定義する．また $bwd(1) = 1$ と定義する．$fwd(\cdot)$ と $bwd(\cdot)$ をアルゴリズム 8.6 と 8.7 に示す．

### 8.7.4　グラフ上の操作の実現

$fwd(\cdot)$ と $bwd(\cdot)$ を用いて，グラフ上の操作 $outdegree(v)$, $outgoing(v, c)$, $indegree(v)$, $incoming(v, c)$, $Label(i)$, $search(s)$ を実現する．

操作 $outdegree(v)$ は簡単である（アルゴリズム 8.8）．ノード $v$ は $node[v] = 1$ かつ $Label[v]$ がそのノードのラベルとなる添え字で表されているとする．$node$ の定義より，$outdegree(v) = succ_1(node, v) - v$ であることは自明である．計算時間は O(1) である．

操作 $outgoing(v, c)$ は次のように実現する．各 $i$ $(1 \leq i \leq m')$ に対し，$R(i) = [pred_1(node, i+1), succ_1(node, i) - 1]$ と定義する．これは全ての $j \in R(i)$ に対し $Label[j]$ が等しいような範囲である．すると，ノード $v$ から出る枝のラベルは $W[j]$ $(j \in R(v))$ に格納されている．添え字 $j$ を，$j \in R(v)$ で $u(W[j]) = c$ となるものとする．$j$ を求めるために，$j_1 = succ_c(W, v)$ と $j_2 = succ_{c^-}(W, v)$ を計算する．すると，もし $\min\{j_1, j_2\} \in R(v)$ ならば，$j = \min\{j_1, j_2\}$ となる．このとき $x = outgoing(v, c)$ は $x = fwd(j)$ で計算できる．もし $j_1$ と $j_2$ の両方が $R(v)$ の範囲外ならば，$outgoing(v, c)$ は存在しない．計算時間は $O(T_{rank} + T_{select})$ である．アルゴリズム 8.9 が擬似コードである．

ノードラベル $Label[i]$ は，$i := bwd(i)$ を繰り返し $k - 1$ 回計算すれば復元できる．これは $O(k \cdot T_{select})$ 時間でできる．擬似コードをアルゴリズム 8.10 に示す．なお，このアルゴリズムはノードラベルがダミー文字 \$ を含む場合でも動作する．

## アルゴリズム 8.9 $outgoing(v, c)$:

1: $s \leftarrow pred_1(node, i+1)$, $t = succ_1(node, i) - 1$
2: $j_1 \leftarrow succ_c(W, v)$, $j_2 = succ_{c^-}(W, v)$
3: $j \leftarrow \min\{j_1, j_2\}$
4: **if** $s \leq j \leq t$ **then**
5:    **return** $fwd(j)$
6: **end if**
7: **return** $-1$             ▷ ラベルが $c$ である枝がない

## アルゴリズム 8.10 $Label[i]$:

1: **for** $j \leftarrow 1, k$ **do**
2:    $S[i] \leftarrow rank_1(C, i)$
3:    $i \leftarrow bwd(i)$
4: **end for**
5: **return** $S$

  $indegree(v)$ を計算する場合，まず $c = C^{-1}(v)$ と $s = bwd(v)$ を求める．すると $c = W[s]$ であり，$Label[s]$ の最初の文字は $v$ に入ってくるノードのラベルの先頭の文字である．$t = succ_c(W, s)$ とする．そのような $t$ が存在しない場合は $t = m' + 1$ とする．すると $W[s+1]$ と $W[t-1]$ の間の全ての $c^-$ は $v$ への枝を持つノードと対応する．そのような $c^-$ の数が $W$ での $rank$ で計算できる．図 8.11 において，$v = 10$，つまりノード TAC に入る枝の数を求めることを考える．$c$ は文字 C であり，$s = 5$ である．$Label[s]$ は \$TA であり，その末尾に $W[s]$ を付け，先頭の \$ を取り除くと $Label[s]$ つまり TAC が得られる．このとき，$Label[s]$ の先頭の文字 \$ で，$v$ に入る枝を識別する．また，$t = 16$ となり，$W[s+1..t-1]$ の間の全ての C$^-$ の位置は，6 だけである．$Label[6]$ の先頭の文字は C であり，これも $v$ に入る枝を識別する文字である．

  擬似コードをアルゴリズム 8.11 に示す．計算時間は $O(T_{rank} + T_{select})$ である．

  $incoming(v, c)$ を求める場合，$indegree(v)$ で求めた $[s, t-1]$ の範囲で，$s \leq i < t$ かつ $u(W[i]) = d$ ($d = C^{-1}(v)$) となる $i$ に対し，$Label[i]$ の最初の文字を計算する必要がある．ノードラベルは辞書順にソートされているため，

## アルゴリズム 8.11 $indegree(v)$:

1: $c \leftarrow rank_1(C, v)$
2: $s \leftarrow bwd(v)$
3: $t \leftarrow succ_c(W, s)$
4: $r \leftarrow rank_{c^-}(W, t) - rank_{c^-}(W, s) + 1$
5: **return** $r$

最初の文字はアルファベット順に並んでいる．よって2分探索を使うことができる．$[s, t-1]$ の範囲で $u(W[i]) = d$ である $i$ に対しての2分探索は，$W$ での $select$ でできる．ラベルの最初の文字は $C^{-1}(bwd^{k-1}(i))$ で計算できる．よって時間計算量は $O(k \lg \sigma (T_{rank} + T_{select}))$ である．

最後に，$search(s)$ を求めることを考える．これは k-mer $s$ が与えられたとき，ノードラベルが $s$ である添え字 $i$ を求める関数である．正確には，$node[i] = 1$ かつ $Label[i] = s$ である $i$ を求める．添え字の範囲 $[\ell_d, r_d]$ を，$Label[i]$ と $s$ が長さ $d$ $(1 \leq d \leq k)$ の共通の接尾辞を持つ $i$ の極大な範囲とする．また，$c_d$ を $s$ の $d$ 番目の文字とする $(1 \leq d \leq k)$．$d = 1$ の場合，範囲は $[C[c_1]+1, C[c_1+1]]$ である．$[\ell_d, r_d]$ が求まっているとき，$[\ell_{d+1}, r_{d+1}]$ は次のように計算できる．$W$ の範囲 $[\ell_d, r_d]$ で，$W[i] = c_{d+1}$ または $W[i] = c_{d+1}^-$ となる最初または最後の位置を求める．これらが $[\ell_{d+1}, r_{d+1}]$ になる．時間計算量は $O(k(T_{rank} + T_{select}))$ となる．擬似コードをアルゴリズム 8.12 に示す．

以上をまとめると，次の定理を得る．

**定理 8.6 (データ構造 SDG [17])** [*3] $m$ 本の枝を持つ k-次元 de Bruijn グラフがダミー枝を持たないとき，その簡潔表現は $m(2 + \lg \sigma) + o(m \lg \sigma) + O(\sigma \lg m)$ ビットとなり，*outdegree*, *indegree*, *outgoing*, *incoming*, *Label*, *search* の各操作の時間はそれぞれ $O(1)$，$O(\tau)$，$O(\tau)$，$O(\tau k \lg \sigma)$，$O(\tau k)$，$O(\tau k)$ となる．ここで $\tau = \frac{\lg \sigma}{\lg \lg m}$ である．

DNA 配列ではアルファベットサイズが $\sigma = 4$ であるため，次の系を得る．

**系 8.2** DNA 配列に対し，de Bruijn グラフの枝数が $m$ でダミー枝を持たないとする．すると k-次元簡潔 de Bruijn グラフは $4m + o(m)$ ビットで表

---
[*3] SDG は succinct de Bruijn graph を表す．

**アルゴリズム 8.12** $search(P)$:
1: $c \leftarrow P[1]$
2: $\ell_1 \leftarrow C[c]+1, r_1 \leftarrow C[c+1]$
3: **for** $d \leftarrow 2, k$ **do**
4: 　　$c \leftarrow P[d]$
5: 　　$\ell_d \leftarrow fwd(\min\{succ_c(W, \ell_{d-1}), succ_{c^-}(W, \ell_{d-1})\})$
6: 　　$r_d \leftarrow fwd(\max\{pred_c(W, r_{d-1}), pred_{c^-}(W, r_{d-1})\})$
7: **end for**
8: **if** $\ell_k > r_k$ **then**
9: 　　**return** $-1$　　　　　　　　　　　　　　　▷ $P$ は存在しない
10: **end if**
11: **return** $\ell_k$　　　　　　　　　　　　　　　　　▷ $\ell_k = r_k$

現でき，操作時間は $outdegree$, $indegree$, $outgoing$ は $\mathrm{O}(1)$, $incoming$, $Label$, $search$ は $\mathrm{O}(k)$ となる．

もしグラフがダミー枝を含む場合，$W$ のアルファベットが $\mathcal{A} \cup \mathcal{A}^- \cup \{\$\}$ となり，アルファベットサイズが $2\sigma+1$ となり，文字を表すビット数が 1 増えてしまう．その場合は $W$ をハフマン型ウェーブレット木などで表現する方が領域効率が良い．

## 8.8　文献ノート

BW 変換は Burrows, Wheeler [20] によって提案された．その後，Fenwick [33] により様々な改良がなされ，それを元に Seward が実装した `bzip2` [102] が現在広く使われている．

FM-index は Ferragina, Manzini [38] によって提案され, Ferragina, Manzini, Mäkinen, Navarro [39] により改良された．FM-index は BW 変換した文字列に索引を追加して文字列検索を行えるようにしたものであり，圧縮接尾辞配列とは異なる発想から生まれたものであるが，両者の持つ情報は等しい．DNA 配列の検索については，FM-index を用いた手法が一般的になっている[*4]．

---

[*4] http://bio-bwa.sourceforge.net/

XBW 変換は Ferragina ら [36] による．簡潔 de Bruijn グラフは Bowe ら [17] による．Gagie ら [43] はこれらの BW 変換の一般化を Wheeler グラフと定義している．また，さらなる一般化として，パラメタ化 BW 変換 (parameterized BWT) が提案されている [44]．これはパラメタ化接尾辞木 (parameterized suffix tree) [3] の簡潔版である．簡潔 de Bruijn グラフは様々な拡張がなされている．動的な更新が可能なもの [8]，異なる長さの $k$-mer に対するグラフを同時に表現するもの [16]，枝を逆向きにたどる操作 ($incoming(v,c)$) を高速化したもの [9] などである．簡潔 de Bruijn グラフを用いたゲノムアセンブラとしては MEGAHIT [68] が公開されている．

# 参考文献

[1] Andersson, A., Hagerup, T., Nilsson, S., and Raman, R.: Sorting in linear time?, In *Proceedings of ACM Symposium on Theory of Computing (STOC)*, pages 427–436, 1995.

[2] Arroyuelo, D., Cánovas, R., Navarro, G., and Sadakane, K.: Succinct trees in practice, In *Proceedings of Workshop on Algorithm Engineering and Experiments (ALENEX)*, 2010.

[3] Baker, B. S.: Parameterized pattern matching: algorithms and applications, *Journal of Computer and System Sciences*, **52**(1):28–42, 1996.

[4] Barbay, J., Claude, F., Gagie, T., Navarro, G., and Nekrich, Y.: Efficient fully-compressed sequence representations, *Algorithmica*, **69**(1):232–268, 2014.

[5] Beame, P. and Fich, F. E.: Optimal bounds for the predecessor problem, In *Proceedings of ACM Symposium on Theory of Computing (STOC)*, pages 295–304, 1999.

[6] Belazzougui, D.: Linear time construction of compressed text indices in compact space, In *Proceedings of ACM Symposium on Theory of Computing (STOC)*, pages 148–193, New York, USA, 2014. ACM Press.

[7] Belazzougui, D.: Linear time construction of compressed text indices in compact space, http://arxiv.org/abs/1401.0936, 2014.

[8] Belazzougui, D., Gagie, T., Mäkinen, V., and Previtali, M.: Fully dynamic de bruijn graphs, In *Proceedings of International Symposium on String Processing and Information Retrieval (SPIRE)*, pages 145–

152, 2016.

[9] Belazzougui, D., Gagie, T., Mäkinen, V., Previtali, M., and Puglisi, S. J.: Bidirectional variable-order de bruijn graphs, In *Proceedings of Latin American Symposium on Theoretical Informatics (LATIN)*, pages 164–178, 2016.

[10] Bender, M. and Farach-Colton, M.: The level ancestor problem simplified, *Theoretical Computer Science*, **321**(1):5–12, 2004.

[11] Bender, M. A. and Farach-Colton, M.: The lca problem revisited, In *Proceedings of Latin American Symposium on Theoretical Informatics (LATIN)*, Proceedings of LATIN, pages 88–94. Springer, Berlin, Heidelberg, 2000.

[12] Benoit, D., Demaine, E. D., Munro, J. I., Raman, R., Raman, V., and Satti, S. R.: Representing trees of higher degree, *Algorithmica*, **43**(4):275–292, 2005.

[13] Bentley, J. L., Sleator, D., Tarjan, R. E., and Wei, V. K.: A locally adaptive data compression scheme, *Communications of the ACM*, **29**(4):320–330, 1986.

[14] Berkman, O., Breslauer, D., Galil, Z., Schieber, B., and Vishkin, U.: Highly parallelizable problems, In *Proceedings of ACM Symposium on Theory of Computing (STOC)*, pages 309–319, New York, USA, 1989. ACM Press.

[15] Blumer, A., Blumer, J., Haussler, D., McConnell, R., and Ehrenfeucht, A.: Complete inverted files for efficient text retrieval and analysis, *Journal of the ACM*, **34**(3):578–595, 1987.

[16] Boucher, C., Bowe, A., Gagie, T., Puglisi, S. J., and Sadakane, K.: Variable-order de bruijn graphs, In *Proceedings of IEEE Data Compression Conference (DCC)*, pages 383–392, 2015.

[17] Bowe, A., Onodera, T., Sadakane, K., and Shibuya, T.: Succinct de bruijn graphs, In *Proceedings of Workshop on Algorithms in Bioinformatics (WABI)*, pages 225–235. LNCS 7534, 2012.

[18] Brisaboa, N. R., Ladra, S., and Navarro, G.: DACs: Bringing direct access to variable-length codes, *Information Processing & Management*, **49**(1):392–404, 2013.

[19] Brodnik, A. and Munro, J. I.: Membership in constant time and almost-minimum space, *SIAM Journal on Computing*, **28**(5):1627–1640, 1999.

[20] Burrows, M. and Wheeler, D. J.: A block-sorting lossless data compression algorithms, Technical Report 124, Digital SRC Research Report, 1994.

[21] Chazelle, B.: A functional approach to data structures and its use in multidimensional searching, *SIAM Journal on Computing*, **17**(3):427–462, 1988.

[22] Clark, D. R.: *Compact Pat Trees*, PhD thesis, University of waterloo, 1996.

[23] Claude, F., Navarro, G., and Ordóñez, A.: The wavelet matrix: an efficient wavelet tree for large alphabets, In *Information Systems*, volume 47, pages 15–32. Pergamon, 2015.

[24] Cook, S. A. and Reckhow, R. A.: Time bounded random access machines, *Journal of Computer and System Sciences*, **7**(4):354–375, 1973.

[25] Cover, T. M. and Thomas, J. A.: *Elements of information theory*, Wiley-Interscience, 1991.

[26] de Bruijn, N. G.: A combinatorial problem, *Koninklijke Nederlandse Akademie v. Wetenschappen*, **49**:758–764, 1946.

[27] Delcher, A. L., Kasif, S., Fleischmann, R. D., Peterson, J., White, O., and Salzberg, S. L.: Alignment of whole genomes, *Nucleic Acids Research*, **27**:2369–2376, 1999.

[28] Delpratt, O., Rahman, N., and Raman, R.: Engineering the louds succinct tree representation, In *Proceedings of International Workshop on Efficient and Experimental Algorithms (WEA)*, pages 134–

145. LNCS 4007, 2006.

[29] Elias, P.: Efficient storage and retrieval by content and address of static files, *Journal of the ACM*, **21**(2):246–260, 1974.

[30] Elias, P.: Universal codeword sets and representations of the integers, *IEEE Trans. on Information Theory*, **21**(2):194–203, 1975.

[31] Elias, P.: Interval and recency rank source coding: Two on-line adaptive variable-length schemes, *IEEE Trans. on Information Theory*, **33**(1):3–10, 1987.

[32] Fano, R. M.: On the number of bits required to implement an associative memory, *Memorandum 61, Computer Structures Group, MIT, Cambridge, MA*, 1971.

[33] Fenwick, P.: The burrows-wheeler transform for block sorting text compression – principles and improvements, *The Computer Journal*, **39**(9):731–740, 1996.

[34] Ferrada, H. and Navarro, G.: Improved range minimum queries, *Journal of Discrete Algorithms*, **43**:72–80, 2017.

[35] Ferragina, P., Giancarlo, R., and Manzini, G.: The myriad virtues of wavelet trees, *Information and Computation*, **207**(8):849–866, 2009.

[36] Ferragina, P., Luccio, F., Manzini, G., and Muthukrishnan, S.: Compressing and indexing labeled trees, with applications, *Journal of the ACM*, **57**(1):4:1–4:33, 2009.

[37] Ferragina, P. and Manzini, G.: Opportunistic data structures with applications, In *Proceedings of IEEE Symposium on Foundations of Computer Science (FOCS)*, pages 390–398, 2000.

[38] Ferragina, P. and Manzini, G.: Indexing compressed texts, *Journal of the ACM*, **52**(4):552–581, 2005.

[39] Ferragina, P., Manzini, G., Mäkinen, V., and Navarro, G.: Compressed representations of sequences and full-text indexes, *ACM Transactions on Algorithms (TALG)*, **3**(2): Article No.20, 24 pages,

2007.

[40] Fischer, J. and Heun, V.: Space-efficient preprocessing schemes for range minimum queries on static arrays, *SIAM Journal on Computing*, **40**(2):465–492, 2011.

[41] Fredman, M. L. and Willard, D. E.: Surpassing the information theoretic bound with fusion trees, *Journal of Computer and System Sciences*, **47**(3):424–436, 1993.

[42] Gabow, H. N., Bentley, J. L., and Tarjan, R. E.: Scaling and related techniques for geometry problems, In *Proceedings of ACM Symposium on Theory of Computing (STOC)*, pages 135–143, New York, USA, 1984. ACM Press.

[43] Gagie, T., Manzini, G., and Sirén, J.: Wheeler graphs: a framework for bwt-based data, *Theoretical Computer Science*, **1**:1–12, 2017.

[44] Ganguly, A., Shah, R., and Thankachan, S. V.: pBWT: achieving succinct data structures for parameterized pattern matching and related problems, In *Proceedings of ACM-SIAM Symposium on Discrete Algorithms (SODA)*, pages 397–407. Society for Industrial and Applied Mathematics, 2017.

[45] Geary, R. F., Rahman, N., Raman, R., and Raman, V.: A simple optimal representation for balanced parentheses, *Theoretical Computer Science*, **368**(3):231–246, 2006.

[46] Geary, R. F., Raman, R., and Raman, V.: Succinct ordinal trees with level-ancestor queries, *ACM Transactions on Algorithms (TALG)*, **2**(4):510–534, 2006.

[47] Gog, S. and Petri, M.: Optimized succinct data structures for massive data, *Software - Practice and Experience*, **44**(11), 2014.

[48] Golomb, S.: Run-length encodings, *IEEE Trans. on Information Theory*, **12**(3):399–401, 1966.

[49] Golynski, A.: Optimal lower bounds for rank and select indexes, In *Proceedings of International Colloquium on Automata, Languages*

and Programming (ICALP), LNCS 4051, pages 370–381, 2006.

[50] Golynski, A., Grossi, R., Gupta, A., Raman, R., and Satti, S. R.: On the size of succinct indices, In *Proceedings of European Symposium on Algorithms (ESA)*, pages 371–382. LNCS 4698, 2007.

[51] Gonzalez, R., Grabowski, S., Mäkinen, V., and Navarro, G.: Practical implementation of rank and select queries, In *Proceedings of International Workshop on Efficient and Experimental Algorithms (WEA)*, pages 27–28, 2005.

[52] Grossi, R., Gupta, A., and Vitter, J. S.: High-Order Entropy-Compressed Text Indexes, In *Proceedings of ACM-SIAM Symposium on Discrete Algorithms (SODA)*, pages 841–850, 2003.

[53] Grossi, R. and Ottaviano, G.: Fast compressed tries through path decompositions, *ACM Journal of Experimental Algorithmics (JEA)*, **19**:1.1–1.20, 2015.

[54] Grossi, R. and Vitter, J. S.: Compressed suffix arrays and suffix trees with applications to text indexing and string matching, *SIAM Journal on Computing*, **35**(2):378–407, 2005.

[55] Guibas, L. J. and Sedgewick, R.: A dichromatic framework for balanced trees, In *Proceedings of IEEE Symposium on Foundations of Computer Science (FOCS)*, pages 8–21. IEEE, 1978.

[56] Gusfield, D.: *Algorithms on strings, trees, and sequences*, Cambridge University Press, 1997.

[57] Harel, D. and Tarjan, R. E.: Fast algorithms for finding nearest common ancestors, *SIAM Journal on Computing*, **13**(2):338–355, 1984.

[58] He, M., Munro, J. I., and Satti, S. R.: Succinct ordinal trees based on tree covering, *ACM Transactions on Algorithms (TALG)*, **8**(4):1–32, 2012.

[59] Hon, W.-K., Lam, T.-W., Sadakane, K., Sung, W.-K., and Yiu, S.-M.: A Space and time efficient algorithm for constructing compressed

suffix arrays, *Algorithmica*, **48**(1):23–36, 2007.

[60] Hon, W.-K. and Sadakane, K.: Space-economical algorithms for finding maximal unique matches, In *Proceedings of Symposium on Combinatorial Pattern Matching (CPM)*, pages 144–152. LNCS 2373, 2002.

[61] Hon, W.-K., Sadakane, K., and Sung, W.-K.: Breaking a time-and-space barrier in constructing full-text indices, *SIAM Journal on Computing*, **38**(6):2162–2178, 2009.

[62] Huffman, D.: A Method for the construction of minimum-redundancy codes, *Proceedings of the IRE*, **40**(9):1098–1101, 1952.

[63] Hui, L.: Color set size problem with applications to string matching, In *Proceedings of Symposium on Combinatorial Pattern Matching (CPM)*, LNCS 644, pages 227–240, 1992.

[64] Jacobson, G.: Space-efficient static trees and graphs, In *Proceedings of IEEE Symposium on Foundations of Computer Science (FOCS)*, pages 549–554, 1989.

[65] Jansson, J., Sadakane, K., and Sung, W.-K.: Ultra-succinct representation of ordered trees with applications, *Journal of Computer and System Sciences*, **78**(2):619–631, 2012.

[66] Joannou, S. and Raman, R.: Dynamizing succinct tree representations, In *Proceedings of International Symposium on Experimental Algorithms (SEA)*, pages 224–235. Springer, Berlin, Heidelberg, 2012.

[67] Kärkkäinen, J.: Fast BWT in small space by blockwise suffix sorting, *Theoretical Computer Science*, **387**(3):249–257, 2007.

[68] Li, D., Liu, C.-M., Luo, R., Sadakane, K., and Lam, T.-W.: MEGAHIT: an ultra-fast single-node solution for large and complex metagenomics assembly via succinct de bruijn graph, *Bioinformatics*, 2015.

[69] Lu, H.-I. and Yeh, C.-C.: Balanced parentheses strike back, *ACM Transactions on Algorithms (TALG)*, **4**(3):No. 28, 2008.

[70] Mäkinen, V. and Navarro, G.: Succinct suffix arrays based on run-length encoding, *Nordic Journal of Computing*, **12**(1):40–66, 2005.

[71] Mäkinen, V. and Navarro, G.: Rank and select revisited and extended, *Theoretical Computer Science*, **387**(3):332–347, 2007.

[72] Manber, U. and Myers, G.: Suffix arrays: A new method for on-line string searches, *SIAM Journal on Computing*, **22**(5):935–948, 1993.

[73] McCreight, E. M.: A Space-economical suffix tree construction Algorithm, *Journal of the ACM*, **23**(12):262–272, 1976.

[74] Miltersen, P. B.: Lower bounds on the size of selection and rank indexes, In *Proceedings of ACM-SIAM Symposium on Discrete Algorithms (SODA)*, pages 11–12, 2005.

[75] Munro, I. J.: An implicit data structure supporting insertion, deletion, and search in $O(\log^2 n)$ time, *Journal of Computer and System Sciences*, **33**(1):66–74, 1986.

[76] Munro, J. I.: Tables, In *Proceedings of Conference on Foundations of Software Technology and Theoretical Computer Science (FSTTCS)*, volume LNCS 1180, pages 37–42. Springer, Berlin, Heidelberg, 1996.

[77] Munro, J. I. and Raman, V.: Succinct representation of balanced parentheses and static trees, *SIAM Journal on Computing*, **31**(3):762–776, 2001.

[78] Munro, J. I., Raman, V., and Satti, S. R.: Space efficient suffix trees, *Journal of Algorithms*, **39**:205–222, 2001.

[79] Munro, J. I. and Satti, S. R.: Succinct representations of functions, In *Proceedings of International Colloquium on Automata, Languages and Programming (ICALP)*, pages 1006–1015. Springer, Berlin, Heidelberg, 2004.

[80] Muthukrishnan, S.: Efficient algorithms for document retrieval problems, In *Proceedings of ACM-SIAM Symposium on Discrete Algorithms (SODA)*, pages 657–666, 2002.

[81] Navarro, G.: Spaces, trees, and colors: the algorithmic landscape of document retrieval on sequences, *ACM Computing Surveys*, **46**(4):1–47, 2014.

[82] Navarro, G.: Wavelet trees for all, *Journal of Discrete Algorithms*, **25**:2–20, 2014.

[83] Navarro, G.: *Compact data structures - a practical approach*, Cambridge University Press, 2016.

[84] Navarro, G. and Ordóñnez, A.: Compressing huffman models on large alphabets, In *Proceedings of IEEE Data Compression Conference (DCC)*, pages 381–390. IEEE, 2013.

[85] Navarro, G. and Providel, E.: Fast, small, simple rank/select on bitmaps, In *Proceedings of International Symposium on Experimental Algorithms (SEA)*, LNCS 7276, pages 295–306. Springer Berlin Heidelberg, 2012.

[86] Navarro, G. and Russo, L.: Fast fully-compressed suffix trees, In *Proceedings of IEEE Data Compression Conference (DCC)*, pages 283–291, 2014.

[87] Navarro, G. and Sadakane, K.: Fully-functional static and dynamic succinct trees, *ACM Transactions on Algorithms (TALG)*, **10**(3):Article No. 16, 39 pages, 2014.

[88] Okanohara, D. and Sadakane, K.: Practical entropy-compressed rank/select dictionary, In *Proceedings of Workshop on Algorithm Engineering and Experiments (ALENEX)*, 2007.

[89] Pagh, R.: Low redundancy in static dictionaries with constant query time, *SIAM Journal on Computing*, **31**(2):353–363, 2001.

[90] Pandey, P., Bender, M. A., Johnson, R., and Patro, R.: A general-purpose counting filter, In *Proceedings of ACM International Conference on Management of Data (SIGMOD)*, pages 775–787, New York, New York, USA, 2017. ACM Press.

[91] Pǎtraşcu, M.: Succincter, In *Proceedings of IEEE Symposium on*

*Foundations of Computer Science (FOCS)*, pages 305–313. IEEE, 2008.

[92] Pǎtraşcu, M. and Viola, E.: Cell-probe lower bounds for succinct partial sums, In *Proceedings of ACM-SIAM Symposium on Discrete Algorithms (SODA)*, pages 117–122. Society for Industrial and Applied Mathematics, Philadelphia, PA, 2010.

[93] Raman, R., Raman, V., and Satti, S. R.: Succinct indexable dictionaries with applications to encoding k-ary trees, prefix sums and multisets, *ACM Transactions on Algorithms (TALG)*, **3**(4), 2007.

[94] Rote, G.: Binary trees having a given number of nodes with 0, 1, and 2 children, 1997. http://www.emis.de/journals/SLC/wpapers/s38proding.html.

[95] Russo, L., Navarro, G., and Oliveira, A.: Fully-compressed suffix trees, *ACM Transactions on Algorithms (TALG)*, **7**(4):article 53, 2011. 35 pages.

[96] Sadakane, K.: Succinct representations of *lcp* information and improvements in the compressed suffix arrays, In *Proceedings of ACM-SIAM Symposium on Discrete Algorithms (SODA)*, pages 225–232, 2002.

[97] Sadakane, K.: New text indexing functionalities of the compressed suffix arrays, *Journal of Algorithms*, **48**(2):294–313, 2003.

[98] Sadakane, K.: Compressed suffix trees with full functionality, *Theory of Computing Systems*, **41**(4):589–607, 2007.

[99] Sadakane, K.: Succinct data structures for flexible text retrieval systems, *Journal of Discrete Algorithms*, **5**:12–22, 2007.

[100] Salton, G., Wong, A., and Yang, C. S.: A vector space model for automatic indexing, *Communications of the ACM*, **18**(11):613–620, 1975.

[101] Schieber, B. and Vishkin, U.: On finding lowest common ancestors: simplification and parallelization, *SIAM Journal on Comput-*

ing, **17**(6):1253–1262, 1988.

[102] Seward, J.: bzip2, 1996. http://www.bzip.org/.

[103] Tarjan, R. E.: *Data structures and network algorithms*, Society for Industrial and Applied Mathematics, Jan. 1983.

[104] Tarjan, R. E. and Yao, A. C.-C.: Storing a sparse table, *Communications of the ACM*, **22**(11):606–611, 1979.

[105] Ukkonen, E.: On-line construction of suffix trees, *Algorithmica*, **14**(3):249–260, 1995.

[106] Vuillemin, J.: A unifying look at data structures, *Communications of the ACM*, **23**(4):229–239, 1980.

[107] Weiner, P.: Linear pattern matching algorithms, In *Proceedings of IEEE Symposium on Switching and Automata Theory*, pages 1–11, 1973.

[108] 岡野原 大輔:『高速文字列解析の世界 データ圧縮・全文検索・テキストマイニング』, 岩波書店, 2012.

[109] 定兼 邦彦, 渡邉 大輔:『文書列挙問題に対する実用的なデータ構造』, 日本データベース学会 Letters, **2**(1):103–106, 2003.

# 索　引

## 数字・英字

1進数符号, **17**, 18, 20, 33, 34, 63, 87, 103, 126, 162
2BWT, 177
2倍長はしご, 123
access, **23**, 49
alphabet partitioning, 61
assembly, 185
backward search, 146
balanced parentheses representation, **92**, 111, 124, 151
bi-directional Burrows-Wheeler transform, 177
bit vector, 10, 14, **23**, 28, 30, 32, 33, 50, 63, 130, 144
block-sorting compression, 167
BP 表現, **92**, 111, 124, 151
breadth first order, **10**, 11, 27, 87, 91
breadth first search (BFS), 10
Burrows-Wheeler Transform, 167
bwd excess, 111
BW 変換, 167
Cartesian tree, **70**, 79
Catalan number, 12
compressed suffix array, 49, **142**, 175
context, 15
counting query, 133, 139, 146, 155

de Bruijn グラフ, 187
delta code, **18**, 19, 36, 150
depth first search (DFS), **10**, 72, 95, 139
DFUDS representation, 103
DFUDS 表現, 103
directly addressable code (DAC), 61
DNA 配列, 133, 185
document frequency, 135
document listing query, 135
document mining query, 135
doubled long-path ladder, 123
dynamic ordered tree, 130
Elias-Fano code, **20**, 34
Elias-Fano 符号, **20**, 34
empirical entropy, **15**, 30, 130, 169
enclose, **93**, 100, 111
entropy, **14**, 108
enumerating query, 63, 134, 139
enumerative code, 13
excess array, **72**, 111, 117, 118
excess value, 106
existing query, 133, 139, 146
findclose, **93**, 96, 111
findopen, **93**, 100, 111
FM-index, 164, **173**
full binary tree, 109
fwd excess, **111**, 113, 118

gamma code, **17**, 36, 63, 150
Golomb code, 17
Huffman code, **18**, 60, 109
Huffman-shaped wavelet tree, **59**, 197
information-theoretic lower bound, **12**, 13, 30, 32, 34, 42, 49, 81, 85, 108
inorder, 11, **11**, 80, **94**, 154, 163
interval code, **18**, 20
Jensen's inequality, 8
labeled tree, 90, **91**, 102
laminar family, **96**, 99
Lcp 配列, 137, 155
leaf rank, 39
left-to-right-minima (LRM) tree, 120
level order, → breadth first order
level-ancestor, **86**, 111, 122
lexicographic order, **136**, 143, 146
LF function, **170**, 182
LF 関数, **170**, 182
long-path decomposition, 122
longest common extension, 134, 141
longest common prefix (lcp), 134, 139, **152**
LOUDS representation, **87**, 179, 180
LOUDS 表現, **87**, 179, 180
lowest common ancestor (lca), **69**, 85, 102, 106, 116, 135, 139, 141, 154, 163
LRM 木, 120
maximal pair, 134
move-to-front (MTF) code, **19**, 169
*MSB*, 7, 77
MTF 符号, **19**, 169
multi set, 33

ordered tree, **10**, 85, 103, 151
orthogonal range searching, 49, **63**
parameterized BWT, 198
parameterized suffix tree, 198
PDEP, 45
pioneer, 96, 126
pioneer family, 97
polylogarithmic function, **8**, 118, 142
POPCOUNT, 45
postorder, **11**, 80, 94
predecessor, **24**, 39, 42
predecessor data structure, 24, 124
prefix, 10
prefix sum, 20, 36
preorder, **11**, 93, 102, 103, 106, 179
$\Psi$ function, 142
$\Psi$ 関数, 142
range min-max tree, 111, **118**, 152
range minimum query (RMQ), **69**, 107, 116, 135, 155, 160, 161
rank, **23**, 49
rankm, 33
Rice code, 17
rooted tree, **10**, 69
segment tree, 113
select, **23**, 49
selectm, 33
self-index, 145
SparseTable アルゴリズム, **77**, 126
Stirling's formula, **9**, 108
string depth, **139**, 142
subpath query, 179, 184
successor, **24**
succinct data structure, 13
succinct index, 13
succinct representation, 13
suffix, 10

suffix array, 134, **136**, 137, 143, 167, 173
suffix link, 139, **140**
suffix tree, 134, 135, **137**
table lookup, 7, **25**, 30, 38, 43, 75, 99, 100, 115, 116, 119, 124
term frequency, 135
tf*idf, 135
tree cover, 131
unary code, **17**, 18, 20, 33, 34, 63, 87, 103, 126, 162
wavelet matrix, 68
wavelet tree, **49**, 170, 178, 179
weighted level-ancestor, 121
Weiner リンク, **141**, 157, 164
word-RAM, 5
XBW 変換, 180

## あ行
アセンブリ, 185
圧縮接尾辞配列, 49, **142**, 175
アルファベット分割, 61
イェンセンの不等式, 8
行きがけ順, **11**, 93, 102, 103, 106, 179
インターバル符号, **18**, 20
ウェーブレット木, **49**, 170, 178, 179
ウェーブレット行列, 68
エントロピー, **14**, 108
重み付き深さ指定祖先, 121

## か行
帰りがけ順, **11**, 80, 94
数え上げ符号, 13
カタラン数, 12
括弧列表現, → BP 表現
簡潔索引, 13
簡潔データ構造, 13
簡潔表現, 13
ガンマ符号, **17**, 36, 63, 150
木次数エントロピー, 108
極大対, 134
区間最小値問い合わせ (RMQ), **69**, 107, 116, 135, 155, 160, 161
区間最大最小木, 111, **118**, 152
経験エントロピー, **15**, 30, 130, 169
ゲノム情報処理, 133, 134, 186
後続値, **24**
後方探索, 146
語頭符号, **16**
ゴロム符号, 17

## さ行
最近共通祖先 (lca), **69**, 85, 102, 106, 116, 135, 139, 141, 154, 163
最長共通延長, 134, 141
最長共通接頭辞 (lcp), 134, 139, **152**
最長パス分解, 122
索引検索, 134
自己索引, 145
辞書順, **136**, 143, 146
順序木, **10**, 85, 103, 151
情報理論的下限, **12**, 13, 30, 32, 34, 42, 49, 81, 85, 108
スターリングの公式, **9**, 108
セグメント木, 113
接頭辞, 10
接頭和, 20, 36
接尾辞, 10
接尾辞木, 134, 135, **137**
接尾辞配列, 134, **136**, 137, 143, 167, 173
接尾辞リンク, 139, **140**
先行値, **24**, 39, 42
先行値データ構造, 24, 124
全2分木, 109

双方向 BW 変換, 177
存在問い合わせ, 133, 139, 146

**た行**

対数多項式関数, **8**, 118, 142
多重集合, 33
単語頻度問い合わせ, 135
逐次検索, 134
超過数, 106
超過配列, **72**, 111, 117, 118
直接アドレス可能符号 (DAC), 61
直交領域探索, 49, **63**
データ構造
　— BP-G, 102
　— BP-NS, 120
　— BV, **28**, 29, 32, 34, 41, 42, 45
　— CSA-GV, 144
　— CSA-P, 149
　— CSA-S, 150
　— CST, 158
　— DFUDS, 108
　— FID, **32**, 38, 39, 42, 47, 53, 59, 98, 130, 144, 149, 183, 193
　— FM-index, 175
　— GV, **34**, 36, 143, 149
　— HWT, **59**, **60**
　— ID, **42**, 47
　— LOUDS, 90
　— MWT, 61
　— PAGH, **37**, 47, 125, 149
　— RMQ, 81
　— RMQ$^\pm$, 77
　— RMQ-S, 79
　— SDG, 196
　— TY, **31**, 38, 45
　— WT, **54**, 59, 177
　— WT-B, 53
　— WT-MN, 55
　— WT-ORS, 67
　— XBW, 183
デカルト木, **70**, 79
デルタ符号, **18**, 19, 36, 150
転置ファイル, 134
動的順序木, 130
通りがけ順, **11**, 80, **94**, 154, 163

**な行**

根付き木, **10**, 69

**は行**

パイオニア, 96, 126
パイオニア族, 97
幅優先順, **10**, 11, 27, 87, 91
幅優先探索 (BFS), 10
ハフマン型ウェーブレット木, **59**, 197
ハフマン符号, **18**, 60, 109
パラメタ化 B 接尾辞木, 198
パラメタ化 BW 変換, 198
ビットベクトル, 10, 14, **23**, 28, 30, 32, 33, 50, 63, 130, 144
表引き, 7, **25**, 30, 38, 43, 75, 99, 100, 115, 116, 119, 124
頻度問い合わせ, 63, 133, 139, 146, 155
深さ指定祖先, **86**, 111, 122
深さ優先探索 (DFS), **10**, 72, 95, 139
符号, 16
部分パス問い合わせ, 179, 184
ブロックソート法, 167
文書頻度問い合わせ, 135
文書マイニング問い合わせ, 135
文書列挙問い合わせ, 135
文脈, 15

**ま行**
マルコフ情報源, **15**, 187
文字列検索, 133
文字列深さ, **139**, 142

**ら行**
ライス符号, 17

ラベル付き木, 90, **91**, 102
ラミナー族, **96**, 99
列挙問い合わせ, 63, 134, 139
レベル順, → 幅優先順

# Memorandum

*Memorandum*

【著者紹介】

定兼邦彦（さだかね・くにひこ）

　　1971年　　生まれ
　　1995年　　東京大学理学部情報科学科卒業
　　2000年　　東京大学大学院 理学系研究科 情報科学専攻 博士課程 修了
　　現　在　　東京大学大学院情報理工学系研究科数理情報学専攻教授・博士（理学）
　　専　門　　アルゴリズムとデータ構造


アルゴリズム・サイエンス シリーズ❽
数理技法編
## 簡潔データ構造
*Succinct Data Structures*

2018 年 2 月 25 日　初版 1 刷発行
2019 年 9 月 10 日　初版 2 刷発行

著者　定兼邦彦　ⓒ 2018　　　　　　　　　　　　　　　　（検印廃止）
発行　**共立出版株式会社**　南條光章
　　　〒112-0006　東京都文京区小日向 4-6-19
　　　Tel. 03-3947-2511(代表)　　振替口座 00110-2-57035
　　　www.kyoritsu-pub.co.jp

印刷：加藤文明社　　製本：ブロケード
Printed in Japan　ISBN 978-4-320-12174-4　（一社）自然科学書協会会員
NDC 007.64（アルゴリズム），410.1（数理哲学），418（計算法）

[JCOPY] ＜出版者著作権管理機構委託出版物＞
本書の無断複製は著作権法上での例外を除き禁じられています．複製される場合は，そのつど事前に，出版者著作権管理機構（ＴＥＬ：03-5244-5088，ＦＡＸ：03-5244-5089，e-mail：info@jcopy.or.jp）の許諾を得てください．

# アルゴリズム・サイエンスシリーズ 全16巻

杉原厚吉・室田一雄 [編]
山下雅史・渡辺治

本シリーズは，アルゴリズム・サイエンスを高校生あるいは大学初年度生に紹介し，若年層のこの分野に対する興味を喚起すること，さらに，アルゴリズム・サイエンスのこの四半世紀の進歩を学問体系として整理し，この分野を志す学習者および研究者のための適切な学習指針を整備することを目的として企画された。

## 【超入門編】

**❶ アルゴリズム・サイエンス：入口からの超入門**
浅野哲夫著・・・・・・・・244頁・本体2,400円

**❷ アルゴリズム・サイエンス：出口からの超入門**
岩間一雄著・・・・・・・・198頁・本体2,400円

## 【数理技法編】

**❸ 適応的分散アルゴリズム**
増澤利光・山下雅史著　例題による分散アルゴリズム入門／他・・・322頁・本体3,600円

**❹ 乱択アルゴリズム**
玉木久夫著　導入／平均化効果を利用する乱択アルゴリズム／他 240頁・本体3,000円

**❺ オンラインアルゴリズムとストリームアルゴリズム**
徳山　豪著・・・・・・・・236頁・本体3,000円

**❻ 複雑さの階層**
荻原光徳著　準備／チューリング機械の基礎／他・・・・・・・・296頁・本体3,400円

**❼ 論理関数**
・・・・・・・・・・・・・・・・・・続　刊

**❽ 簡潔データ構造**
定兼邦彦著　基本的な簡潔データ構造／ウェーブレット木／他・・・230頁・本体3,400円

**❾ 離散最適化**
・・・・・・・・・・・・・・・・・・続　刊

**❿ 計算幾何** 理論の基礎から実装まで
浅野哲夫著　計算幾何学とは何か／計算幾何の基礎／他・・・・・・・252頁・本体3,300円

**⓫ 近似アルゴリズム**
　　離散最適化問題への効果的アプローチ
浅野孝夫著・・・・・・・・352頁・本体4,000円

## 【適用事例編】

**⓬ バイオインフォマティクスの数理とアルゴリズム**
阿久津達也著・・・・・・・238頁・本体3,000円

**⓭ 暗号プロトコルと情報セキュリティ技術**
・・・・・・・・・・・・・・・・・・続　刊

**⓮ データマイニングのアルゴリズム**
・・・・・・・・・・・・・・・・・・続　刊

**⓯ 量子計算**
・・・・・・・・・・・・・・・・・・続　刊

**⓰ 化学系・生物系の計算モデル**
萩谷昌己・山本光晴著　化学系と生物系の特徴／他・・・・・・・208頁・本体3,000円

【各巻：A5判・上製・税別本体価格】
（続刊書名，価格は変更される場合がございます）

https://www.kyoritsu-pub.co.jp/　共立出版　https://www.facebook.com/kyoritsu.pub